JN181851

情シス・IT担当者［必携］

システム発注から導入までを成功させる90の鉄則

田村昇平 | Shohei Tamura

技術評論社

本書掲載の一部のテンプレートを、ダウンロード提供しています。
以下のURLにアクセスしてください。

https://gihyo.jp/book/2017/978-4-7741-8925-3/support

【注意】ご購入・ご利用の前に必ずお読みください

- 本書に記載された内容は、情報の提供のみを目的としています。したがって、本書を用いた運用は、必ずお客様自身の責任と判断によって行ってください。これらの情報の運用の結果について、技術評論社および著者はいかなる責任も負いません。

- 本書記載の情報は、2017年3月現在のものを掲載していますので、ご利用時には、変更されている場合もあります。

- 以上の注意事項をご承諾いただいた上で、本書をご利用願います。これらの注意事項をお読みいただかずに、お問い合わせいただいても、技術評論社および著者は対処しかねます。あらかじめ、ご承知おきください。

はじめに

プロジェクト失敗は誰のせいか

私はもともとITベンダー（システムを構築するIT企業）出身で、システム開発を行っていました。転職してコンサルタントになってからは、ベンダー側の支援、システムを発注するユーザー企業側の支援、客観的な立場での監査など、いろいろなポジションでITプロジェクトに関わってきました。

多くの成功プロジェクトに関わってきた半面、多くの失敗プロジェクトも見てきました。ベンダーの立場、ユーザー企業の立場、客観的な立場と様々な切り口で失敗を見てきました。そこで初めてわかってきたことがあります。

「失敗の原因はユーザー企業の力量不足」

ということです。

今までの失敗事例を振り返ってみると、ベンダーにも問題はありましたが、それ以上にユーザーに問題があることに気づきました。ただユーザーはお金を払う発注者の立場であり、責任を追及されることがないだけなのです。

何か問題が発生すると、それは全てベンダーの責任とされます。ユーザーに問題があったとしても、ベンダーに責任転嫁されます。これはユーザー側に「お金を払っているんだから、それぐらいやってくれて当たり前だろう」という発注者マインドが作用しているためです。

しかし、このような考え方をしている限りは、次のプロジェクトも同じ失敗を繰り返します。ベンダーが変わったところで、失敗の原因である発注者が変わっていないからです。

例えば、ベンダーがプログラムを「失敗」した場合、金額換算するとおおよそ数十万円かかります。一方、ユーザーが間違った機能を要求したり、目的のずれたシステム構築を依頼したという「失敗」はどうなるでしょうか。金額換算すると機能単位では数百万円、システム単位だと数千万以上の損害が発生します。同じ「失敗」でも、ベンダーの失敗とユーザーの失敗では、与える影響が天と地ほどの差があるということです。

「プロジェクトの根幹を支えたい」。私はそう思うようになりました。プロジェクトを支援するには、システムの作り手であるベンダー企業からではなく、使い手であるユーザー企業からの支援が最も効果があると判断しました。私は徐々に軸足をユーザー企業側に移していき、今ではユーザー企業の支援を専門としています。

▶ なぜユーザーのノウハウが蓄積されないのか

なぜ、ユーザー企業はITプロジェクトで失敗するのでしょうか。

ユーザー企業は、少なからず何らかのシステム導入を経験しています。その経験が、ノウハウとして蓄積されているはずです。しかし、実際には経験を生かせずに失敗してしまいます。その理由を3点挙げてみます。

①ベンダーのやり方にばらつきがある

ベンダーは大手から中小企業まで実に多くの企業が存在し、1つとして同じ対応ではありません。独自のノウハウで主導権を握ろうとするベンダーもいれば、全て受身で下請け体質のベンダーもいます。設計書の書き方も、テストのやり方も、障害時の対応スタンスも全く異なります。つまり、1つのベンダーと築き上げたやり方が、別のベンダーでは通用しないのです。

②プロジェクトの推進と責任をベンダーに丸投げしている

本来は、発注側のユーザー企業が主体的にプロジェクトを推進し、責任を負う覚悟を持つべきです。しかし多くの現場では、ベンダーに推進と責任を丸投げしています。これではベンダー側にはノウハウが蓄積されますが、自社には何も残りません。

③書籍やインターネットで調べても何も出てこない

ユーザー企業側でのITプロジェクトに関する書籍は、実はほとんどありません。ITベンダー側の本はかなり充実しているのですが、ユーザー側の本は見当たりません。企画やRFP作成など部分的なものはあるのですが、プロジェクト全工程を解説した書籍はほぼ皆無です。

インターネットで検索しても、ほとんどヒットしません。抽象的な表現に終始していて、実際に使えるノウハウやサンプルはありません。

「ユーザー側のノウハウが世にないなら自分で書いてシェアしよう」

これがこの本を書いた動機です。③を解決すれば、①と②も解決します。自社のノウハウが確立できれば、ベンダーに振り回されることはありません。

▶ ユーザー主導権で進めましょう！

本書は、ユーザー企業のITプロジェクト関係者全てに向けて書きました。特に以下に複数該当すれば、お役に立てると思います。

- **ITプロジェクトの主導権を自社で握りたい**
- **ITプロジェクトの進め方を網羅的に教えてほしい**
- **すぐに使えるノウハウとサンプルを入手したい**
- **ベンダーとWin-Winのアプローチを知りたい**
- **自社で情報システム部門を立ち上げたい**
- **システムの導入効果を最大限に引き出したい**

ユーザー企業でITプロジェクトのノウハウを蓄積していくためには、自分たちが主体的にプロジェクトに関わっていくしかありません。自分たちで悩んで考えて作り上げたやり方が形となり、ノウハウとなって蓄積されていきます。自社で責任を持って進めるからこそ、成功も得られるのです。

1つでも多くのITプロジェクトが成功し、システム関係者全員が笑顔になること。そのお手伝いできれば、これ以上にうれしいことはありません。多くのユーザー企業が最適な情報システムを導入し、多くの企業が成長していく。多くの企業が世の中に貢献することで、日本全体が活性化する。これが私の目標です。

ITプロジェクトをベンダーに依存せずに、自社で手綱をしっかり握って進めていきましょう！　そして多くのユーザー企業の方が、ITプロジェクト成功の達成感を味わっていただければ幸いです。

2017年3月

株式会社インフィニットコンサルティング

田村　昇平

CONTENTS

第1章

システムの企画提案 ～ITベンダー選定までのルール

企画～発注

要件定義～設計

受入テスト～検収

ユーザー教育～本稼働

運用・保守

1-1 ITプロジェクトを社内横断的に立ち上げる

1-1 PJ立ち上げ ＞ 1-2 企画 ＞ 1-3 RFP作成 ＞ 1-4 ベンダー選定 ＞ 1-5 契約

● ITプロジェクトをなぜ立ち上げるのか

新システムを導入するためには、右の図の通り各ステップを進めていく必要があります。通常の業務領域とは異なり、全社的な動きも必要となってきます。どのステップも重要であり、簡単ではありません。一部の社員が片手間で実施していくのは、不可能と言えます。

そのため、新システム導入という目的のもと、新システムが本番稼働するまでの期間限定で「ITプロジェクト」を立ち上げます。ITプロジェクトのメンバーは、社内で明確な役割を与えられるため、全社横断的に力強く推進していくことが可能になります。

まずプロジェクトを立ち上げたなら、最初にプロジェクト体制図を作ります。代表的な構成は下図の通りです。

図1 代表的なプロジェクト体制図

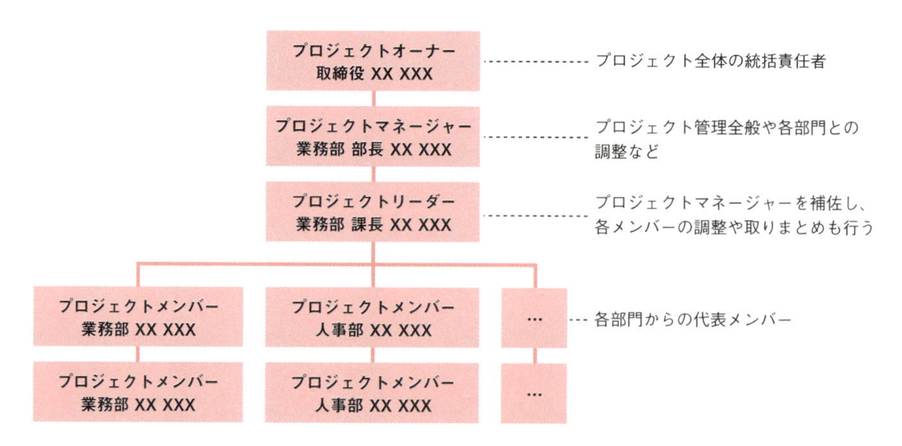

図2 システム導入の各フェーズとプロジェクト活動期間

プロジェクト立ち上げ 企画 RFP作成 ベンダー選定 契約	システム導入の企画を立て、ITベンダーと契約するまでのフェーズです。社内のタスクが中心となります。
プロジェクト計画 要件定義 課題管理 マスター準備	ITベンダーがシステムを構築するフェーズです。ITベンダーとのコミュニケーションが中心となります。
下流計画 受入テスト 障害管理 品質管理	ITベンダーが納品したシステムを検証するフェーズです。プロジェクトを通して最も社内が忙しくなります。
マニュアル作成 説明会実施 稼働判定 本番稼働	運用方法やテスト結果を整備して、本番稼働を迎えます。
運用引き継ぎ 導入効果測定	プロジェクトは解散となり、新しい体制に引き継ぎを行います。

プロジェクト活動期間（企画〜本番稼働）

RULE 01 ITプロジェクトで自社を加速させる

現場の足を引っ張るITプロジェクト

ある企業では、取引先が急激に増えており、業務がどんどん複雑化していきました。社員の負担は大きく、残業しても追いつかない状況でした。

この状況を改善するため、業務部門のメンバーで構成した「業務改革プロジェクト」を立ち上げます。業務フローを見直し、よりシンプルなプロセスに改善していくことを目的としました。

業務改革プロジェクトは、精力的に検討を重ね「承認フローのステップ数の削減」「確認する帳票の半分を廃止」「重複するプロセスの統合」など多くの施策を打ち出しました。そして、理想とも言える業務フローを完成させます。

その業務フローをもとに、IT部門にシステムの再構築を依頼しました。さっそく「ITプロジェクト」を立ち上げ、システム導入を進めます。

業務フローに最も近いパッケージシステムを選定し、ベンダーと設計を行います。必要な修正を行い、新システムは短期間で導入されました。

ところが、その新システム稼働後も現場の負担は減りません。減らないどころか増えていました。確認すると「承認フローは以前と同じ」「帳票は使いづらい」「プロセスの統合は見送り」という状況です。

システムだけはシンプルになりましたが、その分、手作業が増えていました。業務部門はすぐさまIT部門に詰め寄ると、次の回答があります。

「経営層が承認した予算では十分なシステム化が行えなかった」

業務改革プロジェクトの描いた「理想の業務フロー」は、ITプロジェクトによって別モノになってしまいました。このような状況で、取引先の増えていく現場は、ついに休日出勤で対応せざるを得なくなっていくのでした。

ITプロジェクトは三位一体で初めて成功する

企業が成長していくための要素は何でしょうか？

「売上を伸ばす」「他社との差別化をはかる」「売上の新規ルートを開拓する」「取引先を増やす」「サービスや業務の品質を上げる」「生産性の低い業務をやめる」

「社員の満足度を向上する」などいろいろ考えられます。

これらは「経営層」が経営方針を立て、各部門に落とし込んでいきます。業務はどのような方向を目指していくのか、どのように変えていきたいのか、あるべき姿は何か、等を定めていきます。IT システムについても、システムの目的や方向性、投資計画などを決めていきます。

経営方針のもと「業務部門」は、業務改革を進めていきます。改善施策を実行し、また新たな取り組みにもチャレンジしていきます。

業務改革には「IT 部門」の協力も不可欠です。なぜなら、業務とシステムは密接に絡み合っているからです。業務を改革するということは、IT 部門の支援のもと、システムも大幅に手を入れるということです。

つまり「経営層」「業務部門」「IT 部門」は連動しており、どこが抜けても IT プロジェクトはうまくいきません。この三者がコミュニケーションをとらずに IT プロジェクトを進めていくとどうなるか……ということです。業務改革はうまくいかず、使えないシステムが出来上がるだけです。

IT プロジェクトは「経営層」「業務部門」「IT 部門」が一体となって初めて成功します。三者が密に連動することで、経営方針が具現化されたシステムが出来上がります。

図3 三位一体でITプロジェクトを進める

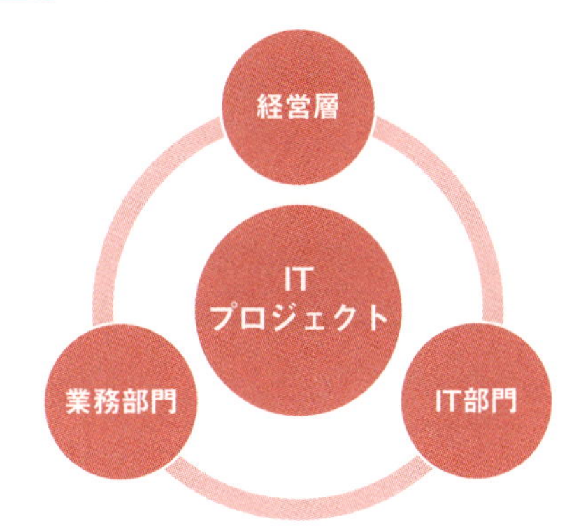

ノウハウの積み重ねが自社を加速させる

IT プロジェクトを次々と成功させる企業は、積極的に改革を実行し、業績を伸ばしています。経営方針がシステムとして各業務に固定化され、次の手を打つ基盤がしっかりと整っているからです。逆に IT プロジェクトを軽視する企業は、時代の変化に取り残され、生き残っていけなくなっています。

IT プロジェクトを成功させるためには、プロジェクトのノウハウを積み重ねていくしかありません。単発で終わらせるのではなく、着実に改善を重ね、次の IT プロジェクトに繋げていきます。

このノウハウの積み重ねが、自社を加速させていくのです。

貴社の IT プロジェクトは、長期的な視点で積み重ねができていますか？

RULE 02
ITプロジェクトは人選が運命を決める

いつもシステム部に白羽の矢が立つ

「システム部から人を出せばいいのでは？」

経営会議にて、業務部門を統括する役員Aさんの発言です。

来期の目玉企画として、販売管理業務の改革を予定しています。個別に細分化された販売管理業務を合理的に標準化し、今後の規模拡大に向けての基盤を整理する目的です。その改革に合わせて、システムも刷新する予定で「販売管理システム導入プロジェクト」を立ち上げました。

このプロジェクトのメンバー選出の話になった際に、冒頭の発言になります。

業務部門は「重要案件をたくさん抱えており、とてもメンバーを選出できる状況ではない」とのことでした。「もちろん業務部門として全面的に協力するが、フルタイムで人を出すことは難しい」と話されています。

また「システム導入の技術的な部分はわからないため、できればITの専門家であるシステム部門が中心で構成してほしい」との依頼でした。

システムの現場ではよくある話ですが、プロジェクトメンバーの人選はどう考えていけば良いのでしょうか？

導入先の部門からの選出は不可欠

まず、システムのプロジェクトを大きく2つに分けて考えます。

「IT機器の入れ替えプロジェクト」と「業務システムのプロジェクト」です。

前者は「全社的に導入しているパソコンのOSがサポート切れになるため全台入れ替える」「ネットワークの老朽化に伴うリプレイス」「データベースのバージョンアップ対応」などです。これらは、業務知識よりもIT知識を求められるため、システム部門のメンバーが中心で構成すべきと言えます。

では後者の「業務システムを入れ替える」または「業務システムを新規に導入する」プロジェクトの場合はどうでしょうか。

このようなプロジェクトの場合、システムの前に「企業の目指すビジョンは何か」「業務をどう変えるべきか」という話からスタートします。議論は1つの部門に閉じた話ではなく、社内を横断した全社的な話となります。

システム導入後に高い効果を得るためには、業務をドラスティックに変えていく必要もあります。しかし変化が大きければ大きいほど、現場の反発もかなり強くなってきます。その反発に立ち向かい、現場の協力を引き出し、進めていかなければなりません。

例えば「ITには詳しいが、業務の話題には全くついていけない人」がプロジェクトを進めた場合、どうなるでしょうか？

おそらく業務側の担当者は、話の土俵にも上がってきません。そんな人物に業務改善を託したくないからです。ただでさえ変化に慎重になっているのに、業務の素人に何を託せるのでしょうか？

無理やり進めても、業務で使われないシステムが出来上がるだけです。

そのためプロジェクトを推進していくメンバーは、業務的に信頼されている人物がふさわしいと言えます。特にメンバーの中心となるプロジェクトマネージャーとプロジェクトリーダーは、プロジェクトの象徴であり、成果に直結します。そのため、業務部門からの人選が不可欠です。

システム部門の人材が不要というわけではありません。ITベンダーと技術的な話をしたり、自社のIT基盤の調整をするには欠かせません。また、業務的に連携する部門（例えば人事部や経理部）からもメンバー選出は必要です。

プロジェクトメンバーの構成は、影響部門からそれぞれ代表を選出しますが、その中心はシステムを導入する「業務部門」から選出する、ということです。

人選は会社の意思の表れ

プロジェクトメンバーの人選は、会社の本気度が表れます。特に言葉に出さずとも、トップの意思は周囲へ明確に伝わります。

会社で"エース"と呼ばれる人材で構成されたプロジェクトを見るだけで

「このプロジェクトは会社も超本気なんだな！」

と伝わります。当然ながらプロジェクトは周囲も真剣に協力し、全社を巻き込んだ動きが自然と出てきます。

貴社のプロジェクトは重要度に見合った人材を選出できていますか？　消去法で余っている人材を割り当てたりしていませんか？

RULE 03 オーナーの立ち位置がプロジェクトの成否を分かつ

各業務の調整が失敗した結果

プロジェクトオーナーである役員Aさんに状況報告したときの会話です。

「なぜそんなに予算オーバーしているんだ！」

「そもそも業務統合ができないなら意味がない！」

「このプロジェクトは一度保留とする」

このプロジェクトでは、最初の企画段階でAさんをはじめとした経営層の承認をもらっていました。その後、具体的な要件を調整し、ベンダーから提示された最終見積もりを確認すると、予算の約2倍となっていました。

今回のプロジェクト方針として、各業務の統合を予定しています。プロジェクト開始からずっと調整を行ってきましたが、現場の反発が非常に強く、調整は難航を極めました。その結果、ごく一部の業務のみ統合となり、ほとんどの業務は統合せずに従来通りとなります。

システム化検討においても、各業務からの個別要求が多く、当初よりもかなり複雑な仕様となりました。プロジェクト側は要求の優先順位をつけて予算内におさまるよう調整をしましたが、各業務ともゆずらず、取り下げる要求はほとんどありませんでした。

プロジェクトマネージャーのSさんは、各要求の必要性も無視できず、やむを得ずこの状況のままオーナーのAさんに現状報告するのでした。

大きな問題こそトップダウンが必要

今まで過去に失敗したと思うプロジェクトを頭に思い浮かべてください。

そのプロジェクトは、プロジェクトオーナーと距離がありませんでしたか？何かあったらすぐ相談に乗れるような関係でしたか？

おそらくほとんどの回答は「No」ではないでしょうか。

なぜなら大きな問題が発生したとしても、オーナーが積極的に介入する限り、解決しない問題はほとんどないからです。

仮に各部門間で難しい調整が発生したとしても、オーナーの後ろ盾があれば社

内調整はしやすくなります。部門間で平行線をたどったとしても
「この件はオーナーに判断してもらいますがよろしいですか？」
と言われれば、それ以上にこじれることはありません。
また、現行の業務担当者はそれぞれ自分の職務に誇りを持っています。根底には「今の業務内容が最も正しい」という考えがあります。そのため、業務統合などの大きな話を持っていっても、保守的な姿勢から入ります。このようなときはオーナーからの「トップダウン」で改革の意思を伝えることで、プロジェクトは進めやすくなっていきます。
一方で、業務担当者は細かい修正要望はたくさん持っています。現状で不満に思うことは、全てシステム化することで解決できると期待します。そのため、担当者の要望を全て吸い上げると、かなり複雑なシステムとなってしまいます。当然ながら予算はオーバーし、プロジェクトの首を絞めつけます。
そのようなときもオーナーに相談し
「経営判断としてそこまでシステムにお金をかけますか？」
を判断してもらうことが可能です。
つまり、プロジェクトメンバーでは解決できない問題を解決するのが「プロジェクトオーナー」の役目ということになります。

オーナーが機能しているか

プロジェクトオーナーとは、プロジェクト体制図のトップに位置し、通常は役員クラスが務めます。業務改革を伴うプロジェクトであれば、IT担当の役員ではなく、その業務担当の役員が務めるべきです。
オーナーは平穏時には、状況を見守っているだけで表には出てきません。ところが、いざ解決が難しい問題が出てきた場合、オーナーの介入が解決のカギを握ります。オーナーの出番がないに越したことはないですが、問題のないプロジェクトなどほとんどありません。
プロジェクトの成功には、オーナーの積極的な関与が不可欠です。オーナーの役割を正しく認識し、問題の芽は早めに報告や相談ができる関係性を作っておくことが必要となります。

RULE 04 役割分担表はまず上流工程のみ定義する

役割分担表は全工程を書くべきか

プロジェクト体制が決まったら、各メンバーの作業内容を「役割分担表」で定義します。この役割分担表は、最初にどこまで作れば良いのでしょうか？　プロジェクト工程は長い道のりですが、最後のシステム稼働までの全タスクと担当者を明記した方が良いでしょうか？

過去に、ある1年間のプロジェクトで、最初から最後まで全てのタスクと担当者を明記した役割分担表を見たことがあります。2ページにわたり、びっしりと各工程のタスクと担当者が記されていました。おそらく作成する労力も大変なものだったと思います。この後どうなったでしょうか？

役割分担表に定義していたプロジェクトの下流工程部分は、タスクと担当者が全て変更になりました。プロジェクトが進むにつれ、必要となるタスクが徐々に変わっていき、担当者も大幅に入れ換わりました。最初に頑張って全て定義しましたが、後半部分は全て作り直しになったのです。

まずは上流工程のみ定義する

プロジェクトは流動的に変化します。当初見込んでいたタスクも下流工程では全く異なるタスクに変わります。なぜならば、最初はまだシステム範囲も要件も決まっていなければ、発注するシステム業者も決まっていないからです。そのような状態で、システム範囲や要件、システム業者に左右される下流工程のタスクは、決めようがありません。

つまり、プロジェクト立ち上げ時に下流工程まで定義することは不可能なのです。どうせ変わってしまう下流工程に時間をかけて定義するぐらいなら、作らない方がマシです。ある程度見込める上流工程までの役割に限定して、作成する方が効率的と言えます。下流工程は、その直前で定義した方が確実なものを作ることができます。

図4 役割分担表サンプル

工程	作業内容	担当部門				担当者	説明
		A部門	B部門	情シス	ベンダ		
企画	新システム導入の目的定義	○	△	△		Aさん	目的、背景、解決課題、効果等を定義する
	新システムの要求機能の作成	○	△	△		Aさん	新システムに求める機能を記載する
	現行業務フローの作成	○		△		Bさん	現行システムでの業務フローを作成する
	新業務フロー（案）の作成	○		△		Bさん	新システムを導入した後の業務フロー案作成
	企画書編集	○		△		Aさん	取締役会向けに企画書を作成・編集する
	企画書の取締役会稟議	○		△		F課長	RFPの取締役会の承認を得る
RFP作成	現行X業務の概要資料作成	○	△	△		Aさん	X業務の概要および詳細フローを作成する
	現行Y業務の概要資料作成	○	△	△		Bさん	Y業務の概要および詳細フローを作成する
	現行システム関連図の作成	△		○		Cさん	現行のシステム間連携の概要図を作成する
	現行システム出力一覧の作成	△		○		Cさん	現行のアウトプット一覧を作成する
	RFP作成	○		△		Bさん	要求事項をRFPとして作成・編集する
	RFPの取締役会稟議	○		△		F課長	RFPの取締役会の承認を得る
ベンダー選定	ベンダーリストアップ	○		△		Bさん	新システムの発注候補ベンダーをリストアップする
	ベンダー面談	○		△		Bさん	候補ベンダーと面談する
	RFPのベンダー提示	○		△		Bさん	RFPをベンダーに提示する
	ベンダーデモ出席	○	○	○		PJ全員	RFPに対する提案プレゼンテーションに出席する
	ベンダー評価一覧の作成	○		△		Bさん	ベンダーの評価一覧を作成する
	ベンダー選定会議の出席	○	○	○		PJ全員	ベンダー選定会議に出席する
	発注・契約	○		△		Bさん	ベンダーとの発注・契約を結ぶ
要件定義	会議出席	○	○	○		PJ全員	社内定例会に参加する
	会議進行役			○		Cさん	社内定例会の進行役を務める
	アジェンダ作成			○		Cさん	社内定例会のアジェンダを事前に提示する
	議事録作成			○		Cさん	社内定例会の議事録を作成、周知展開する
	要件定義 打ち合わせの出席	○	○	○	○	PJ全員	ベンダーとの要件定義の打ち合わせに参加する
	要件定義 会議進行役			△	○	ベンダー	要件定義会議の進行役を務める
	要件定義 アジェンダ作成				○	ベンダー	打ち合わせアジェンダを事前に提示する
	要件定義 議事録作成				○	ベンダー	打ち合わせの議事録を作成、周知展開する
	機能一覧表				○	ベンダー	新システムの機能一覧を定義する
	業務要件Aの定義	○			△	Aさん	A業務に関する要件を定義する
	業務要件Bの定義		○		△	Bさん	B業務に関する要件を定義する
	課題管理表の記入・更新	○	○	○		PJ全員	業務・運用面の社内課題を管理表に記入、更新を行う
	課題管理表の管理	○		△		Aさん	業務・運用面の社内課題における管理表のステータス管理、トレースを行う

要件定義より先の工程はこの時点では書かない

主体部門を○、サポート部門を△で表記

原則として個人名を記載し、連名も避ける（会議出席は除く）

1-2 適切な企画でプロジェクトの成功レールを敷く

1-1 PJ立ち上げ	1-2 企画	1-3 RFP作成	1-4 ベンダー選定	1-5 契約

● 企画は何を書けばいいの？

企画とは、社内の承認を得るための具体的な計画のことです。

新システムを導入するということは、大きな投資であり、時間も労力もかかります。その関係者に対して、「現状の問題」「未来の姿」「メリット・効果」をきちんと示す必要があります。会社として、その企画を承認するだけの判断材料を具体的に盛り込んでいきます。

● 企画書は誰に確認するか

プロジェクトを立ち上げたら、まずは企画書の作成に着手します。

企画のヒアリングは、一部の関係者に偏るのではなく、幅広く実施します。主に「経営層」「業務部門」「IT 部門」の３つに分けられます。

経営層には、全社方針、改革概要、予算などを確認します。まずここを確認しないことには、社内で正式な企画として進めることができません。会社としての大枠をまず決めてから、詳細化に着手していきます。

業務部門は、新システムを導入する部門と、そのシステムと連携する他部門とに分かれます。まずは、業務としての現状の課題とあるべき姿を整理していきます。業務の方針が決まった上で、システム化を検討します。

システム部門には、現状のシステム構成図や未来のシステム構成図、システム上の課題や解決策などシステムの観点から意見を求めます。

完成した企画書をもとに、経営層をはじめ、関連部署も含めて確実に承認を得るようにします。

図5 企画書の作成フロー

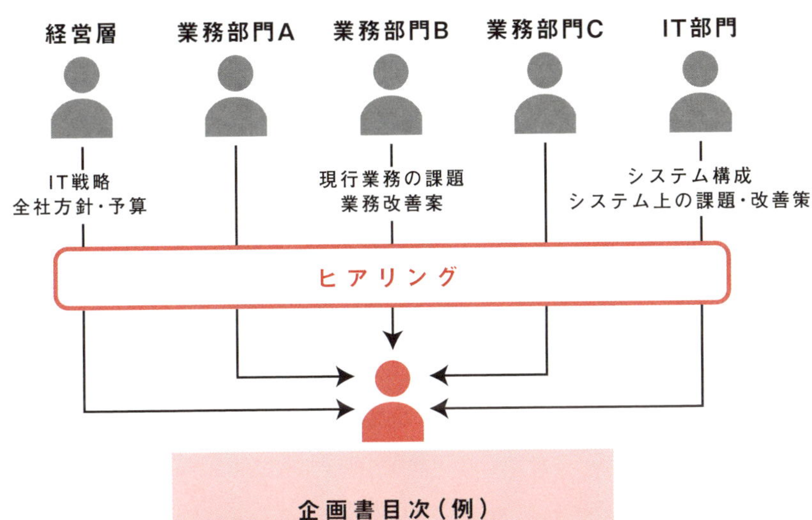

企画書目次（例）

1. 現状の課題
2. 導入に至った背景
3. システム導入の目的
4. 期待する効果
5. システムの方針
6. システム関連図As-is
7. システム関連図To-be（案）
8. 要求機能一覧
9. プロジェクト体制図
10. 導入スケジュール（案）
11. 予算（案）

関係者全員のレビュー

全社承認

企画がダメだと全てダメになる

プロジェクト管理だけは完璧だったシステム

その「営業支援システム導入プロジェクト」はある意味完璧でした。

失敗が許されないプロジェクトだったため、要件定義フェーズから別のコンサルタントも雇い、プロジェクト支援を受けるほど手厚い体制でした。

ベンダー選定時も、実績を重視して高額なベンダーと契約しました。

そのおかげもあり、スケジュールは一度も遅れることなく、当初予算もピッタリとおさまり、大きな不具合もなく、本番稼働を迎えました。

稼働後半年が経過しました。企画時の目標であった「営業状況の見える化」は達成しています。ところがその目的である「売上２倍アップ」が達成できていないどころか、逆に下がっていました。そのため、急きょヒアリングを行います。

「我々全員がその企画は失敗だったと思っている」

現場からは否定や批判のコメントが殺到しました。

「見える化」に力を入れたため、営業担当者が入力する項目が膨大に増えました。「営業日報」は当日中に入力することを全社員に義務づけています。その結果、営業担当者は日報入力のための残業が増え、引き換えに商談時間が減っていきます。徐々に商談件数が減っていき、売り上げも減ってしまいました。

また「営業日報」を本部でどう使っているかを確認すると「月末にチェックする程度」とのことです。日報もだんだんコメントが少なくなり、最近では有用な情報もなく、売上アップに関わる分析や行動に繋(つな)がっていませんでした。

企画時の「売上２倍アップ」も実際に検証したわけではなく、その当時の企画者がインパクトを出すために「盛った」ということも判明します。

「要件を完璧に満たした高機能なシステム」と引き換えに、売上は減り、経費は増えるという皮肉な結果となってしまいました。

最初がダメだともう後戻りはできない

自社にとって最適なシステムを導入するためには、何が必要でしょうか？

「最適なシステム」から遡っていくと、いろいろと形を変え、最も上流である

「最適な企画書」にたどり着きます。

図6 最適なシステムを遡ると最適な企画書にたどり着く

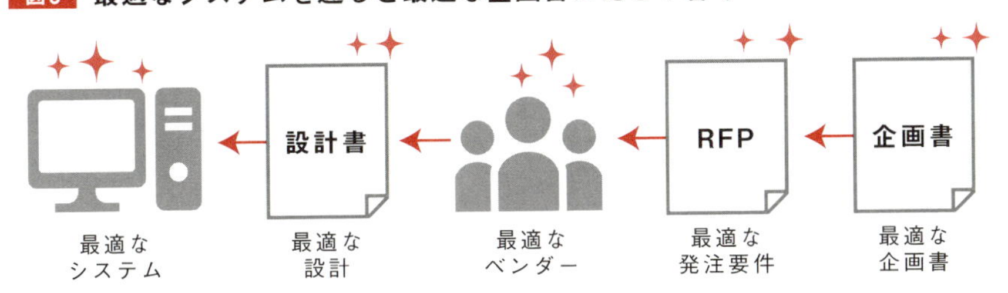

つまり、適切なシステムを導入するためには、大前提として企画が最適である必要があります。企画が最適でないと、その後いくら頑張っても取り返しがつきません。間違った方向に突き進み、間違ったシステムが作られるだけです。

もし企画の承認を通すためだけに、美辞麗句な文言を並べたらどうなるでしょうか？　インパクト重視の目的で、施策に落とし込むロジックが破綻していたとしても、承認が通ってしまえばもう終わりです。具体的な手段である「システム」が独り歩きして、プロジェクトは進んでいきます。

プロジェクト管理は、スケジュール、予算などの制約の中でどう「やりくり」するかに主眼が置かれます。プロジェクトマネージャーは、その制約下で企画を計画通りに進めることを求められています。そこには「企画が正しい」という前提があります。プロジェクトは多忙を極めるため、途中で「企画は本当に正しいのか」と考える余裕もなく、求められることもありません。

企画時に一度敷いたレールはもう走り出すしかなく、走ったが最後、止まれなくなるということです。

目的を果たしてこその企画書

プロジェクトの方向性を定めるのが「企画」フェーズです。

企画がダメだったら、その後どんなに優秀なベンダーやコンサルタントに頼んでもダメということです。その企画に沿ったシステムが「立派に」出来上がるだけです。

「とりあえず理想論で押し切ろう」「ベンダーと後で考えればいいや」と経営会議で承認をもらうことだけを考えて企画書をまとめると、後で使われないシステムが出来上がるだけです。

企画書は経営会議のためではなく、真に目的を達成するために作成します。

RULE

06 企画書の目次はこう作る

細部を作る前に目次を作る

企画書はいきなり本編を作成する前に、まずは目次を作成します。企画のストーリーを立て、それを目次に落とし込みます。すでに断片的に資料が存在する場合、先に詳細なページに着手してしまいたい気持ちもあるでしょう。しかし、ストーリーに逸れた作り込みを進めてしまうと、後で手戻りが大きくなってしまいます。

システム導入の企画書は、構成する項目種類は多くありません。また、全ての項目を作成する必要もありません。候補となる項目の中から、ストーリーに沿った項目だけを抜粋し、目次を作成していきます。

ストーリーの立て方は千差万別ですが、その中でも王道は「課題から入る切り口」となります。現状の抱えている問題をうまく認識してもらえれば、その後の目的や効果といった企画の中心にテンポよく入っていけます。

図7 企画書の候補となる項目から目次を抜粋する

企画書の候補となる項目

- ・現状の課題
- ・導入に至った背景(経緯)
- ・システム導入の目的
- ・期待する効果
- ・システムの方針
- ・システム関連図As-is
(システム化の範囲)
- ・システム関連図To-be(案)
- ・要求機能一覧
- ・プロジェクト体制図
- ・導入スケジュール(案)
- ・予算(案)
- ・IT投資効果

抜粋した目次例

1. システム再構築の範囲
2. 現状の課題
3. 背景
4. 目的と期待する効果
5. システム再構築の方針
6. 要求機能一覧
7. プロジェクト体制図
8. 導入スケジュール

図8 **企画書の項目説明**

項目	説明
現状の課題	ストーリーを考える上で、課題は欠かせません。「現状の課題があるから新しいシステムで解決します」という流れは企画の王道です。
導入に至った背景（経緯）	課題はいわば現状の点を示しています。一方、背景は過去から現在までの線を表します。課題が「いつから発生したのか」「なぜそのような課題発生に至ったのか」といった経緯を表現します。
システム導入の目的	企画の中心となる部分であり、この目的をもとに施策やシステムが具体化されていきます。社内だけでなく、ベンダーとの共通言語にもなります。
期待する効果	「システムを導入することでこんなにメリットがあります」を関係者に伝えるものです。課題に対する「解決後の姿」にもなります。効果はなるべく数値化、金額化することで、決裁者は投資判断を行いやすくなります。
システム化の方針	目的をシステムにブレイクダウンした指針となります。例えば「取引先に出す請求書のレイアウトは変えない」や「パッケージを採用し短期間で導入する」といった内容です。
システム概要図 As-is（システム化の範囲）	視覚的にイメージを表現する代表格が「システム概要図」です。As-is（現行）の概要図で、現状のシステム構成を明確に伝えることができます。プロジェクトの適用範囲（スコープ）を点線で囲むことで、範囲も明確になります。
システム概要図 To-be（案）	システム概要図のTo-be（あるべき姿）を表現します。ただし、ベンダーと調整前なのでこの時点では案となります。
要求機能一覧	新システムで備えておくべき機能を一覧表で記述します。システムの切り口で書かれているため、ベンダーと調整する上では最も重要な資料となります。
プロジェクト体制図	社内のプロジェクト体制を記載します。特に部門を横断するプロジェクトの場合は、この体制図がないと後で部門間で揉める原因ともなります。
導入スケジュール（案）	ざっくりとした全体スケジュールを記載します。ベンダーと調整した後に確定するため、この時点では案で構いません。
予算（案）	あらかじめ決まった予算があるのであれば、記載します。費用はベンダーと調整した後に確定するため、この時点では案となります。
IT 投資効果	システムの投資額に対して、効果を金額で表します。金額算出が難しい場合は、それに代わる数値で表現します。

全社目線でシステム導入の目的を設定する

トップとゴールが共有できているか

あるプロジェクトのシステム企画説明会で、プロジェクトマネージャーに任命されたAさんは、社長に向けて自信満々で説明しました。

「このシステムを導入することで事務作業が毎月50時間削減できます！」

「毎月3人分の削減効果があります！」

すると、社長の顔はみるみるうちに曇っていくのがわかりました。Aさんはその後も説明を続けましたが、社長は最後まで笑ったり相槌（あいづち）を打ったりすることはありません。そして社長は最後にこう言いました。

「Aさん、あなたは私に社員をリストラしろってこと？」

Aさんの背筋が凍りついたのは言うまでもありません。

この説明は何がまずかったのでしょうか？

事務作業が削減される。これは間違いではなく、伝えたいポイントでした。しかし、間違いだったのはゴールが「人減らし」として伝わってしまったことです。システムが生みだす「効果」は一緒であっても、社長のゴールとAさんのゴールは違ったのです。

自社の背景が「パート雇用費がかさんでおり、その人数を減らしたい」であれば正解だったのでしょう。また「過大な時間外労働がコンプライアンス上の問題となっている」であれば、「毎月50時間削減」で大正解だったでしょう。

なお、Aさんは数日後に出直して、もう一度説明しました。

「3名分の浮いた事務コストで、営業部門の事務サポートを行います。営業担当者の事務ワークを軽減し、営業に専念できる環境作りに取り組みます」

今度は、社長の表情は終始ニコニコでした。企画もすんなり通りました。

全社目線で設定する

プロジェクトのコアメンバーは通常、「業務担当者」「システム担当者」で構成されます。このメンバーだけで目的を考えていくと、当然ながら「業務目線」と「システム目線」で目的が作られていきます。

ここに足りない目線は何でしょうか？

それは、社長や役員などが考える「経営目線」です。ここで出番となるのが、プロジェクト体制図のトップに位置する「プロジェクトオーナー」です。

つまり、企画の最も肝となる「目的」については、プロジェクトオーナーを巻き込んで検討していく必要があるということです。

「そうはいってもオーナーに気軽に話しかけられない」

という気持ちもわかります。しかし、ここで機会を逃してしまうと、ますますプロジェクトとして疎遠な関係になっていきます。持って行き方を工夫してでも、「企画を作る前」に一度打ち合わせをすることが重要です。

オーナーに対して、出来上がっていない企画の話を持っていくのは気が引けるかもしれません。ですが、出来上がった企画を持っていくとどうなるでしょうか？その企画に対して「良い」か「良くない」かのコメントとなります。オーナーの思いをヒアリングすることが目的ではなくなります。

そうではなく、企画の前に最初にオーナーの思いを聞きます。

細かい話やシステムの話は不要で、もっと大きな話題で確認します。

「会社のビジョン」「今感じている問題点」「解決の方向性」「業務改善の目的」「得たい効果」「予算感」などです。

もし手ぶらで気が引けるなら、業務観点とシステム観点での案をもっていき

「我々ではうまく考えられなかったので相談に乗ってください」

など工夫します。

プロジェクトオーナーは最初に巻き込む

オーナーに企画前に相談する目的は、経営目線を含めた企画を作るためです。しかし、それだけではありません。

むしろ、オーナーは自身の思いが具体化されたプロジェクトとして、今後も気にかけてくれるようになります。体制上の形式的なトップではなく、プロジェクトの当事者として、大きくバックアップをしてもらえます。

プロジェクトオーナーに最も連携をとるタイミングは、企画前です。トップダウンで指示をもらうというより、一緒に悩んで共有した時間が関係性を強くします。最初に十分に連携できるかどうか。プロジェクトの最重要局面と言えます。

RULE 08 システム導入の背景・目的・効果はこう考える

ストーリーで目的を考える

ストーリーは、「課題」⇒「目的」⇒「効果」の流れで組み立てていきます。

現状に「課題」があるからこそ、それを解決すべく「目的」に価値が生まれてきます。「目的」があるからこそ、それを具体化した「効果」がその企業にとっての本当のメリットを生み出します。

このストーリーの中心は、何といっても「目的」です。目的が未来を方向づけします。「目的」がずれてしまうと、どんなに素晴らしい効果を得られたとしても自社に貢献できません。企画者の自己満足で終わってしまいます。

目的は、現在の「経営課題」「業務課題」「システム課題」を解決するテーマとして考えていきます。経営層、業務部門、IT 部門がそれぞれの領域から意見を出し合って、全社的な目的として言語化していきます。

目的は、単純に課題と 1 対 1 で対応させるのではなく、一段高いところから解決方針を示すことが重要です。部分最適ではなく全体最適の観点と言えます。細かい解決策は、根本的解決の足かせとなってしまうことがあります。

例えば「システム操作に長時間かかる」という課題に対して、「操作時間を短縮する」は部分最適で、「操作自体を不要にする」という発想、さらにはその一段上の「その部門の業務を簡潔化する」や「残業代の抑止」「アウトソーシングして本業への注力」などが全体最適になっていきます。システムによる解決に固執せずに、大きな視点で目的を設定していきます。

最後に、その目的を具体的な「効果」として落とし込んでいきます。

目的をキーワードから考えてみる

現状の課題や経営戦略、今後のテーマなどからうまく目的が浮かび上がればいいですが、悩んでしまうケースはよくあります。このような場合は、他の切り口から考えてみると良いでしょう。右図はシステム導入の目的となりうるキーワードを挙げています。目的を考える際の参考にしてみてください。

図9 システム導入の目的となりうるキーワード

● 戦略	新規事業参入、事業拡大、利用ユーザー拡大、新商品開発、売上拡大、受注率の向上、他社とのコア業務の差別化、お客様満足度の向上、上場するための内部統制の確立
● 業務	制度改正への対応、属人化の排除、業務の標準化、業務フローの改善、業務の合理化・集約、事務コストの削減、二重入力の排除、入力ミスの排除、ペーパレス化、承認ワークフローの改善、コンプライアンス対応、アウトソーシング、社員の満足度向上、社員の離職率低減
● 時間	情報のリアルタイム共有、締め処理の早期化、納期の短縮、決算処理の早期化
● 費用	人件費の抑止、残業代の削減、システム保守費用の削減、ライセンス費用の削減、通信費の削減
● システム	データの一元管理、システム障害の予防対応、システム操作性の向上、パフォーマンス向上、老朽化に伴う刷新、保守サポート切れへの対応、システム間連携の強化、システム停止リスクの対応、セキュリティの強化、情報漏洩の対策、システム統合対応、クラウド(スマホ、タブレット等)の活用、新技術の活用

RULE 09 システムの効果は全ての数値化を試みる

経営者は投資を回収できるかに興味がある

(A さん)「経理部門の作業負荷を軽減します！」
「システム自動計算により正確性が向上します！」
(B 社長)「それで投資金額はいつ回収できるの？」
(A さん)「それは……えっと……」

システム企画説明会での会話です。担当 A さんはシステムの効果を説明します。ところが経営者の関心はそこにはありません。システム導入に大金を投入するわけですから「回収できるのか？」に関心があるのは当然のことです。

図10 システム導入の初期費用と効果

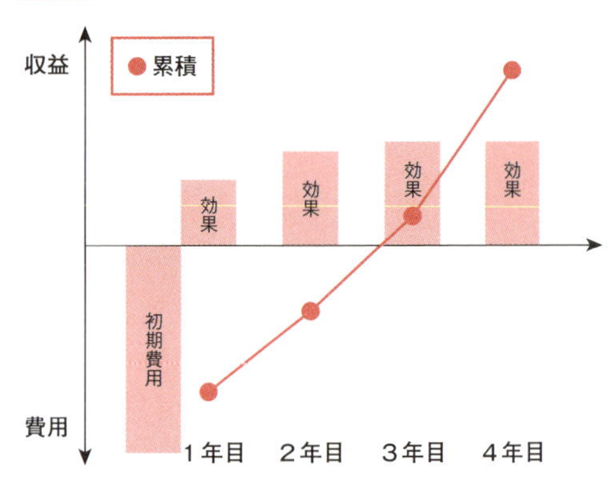

ではどうすれば、この経営者の質問に答えられるのでしょうか？

単純なことですが、効果を金額換算し、投資額と比較するしかありません。

システム導入の投資額である「初期費用」と毎年の「効果」を棒グラフで表し、累積を折れ線グラフで表します。折れ線グラフが0を超える時点が回収したタイミングとなります。

だけど金額換算は難しい

効果を金額換算することは、昔から言われてきたことで特に目新しいものではありません。しかし多くの現場では、これが行われていないのが実情です。なぜ金額換算が行われないのでしょうか？

効果が、金額に直接関わるものであれば簡単です。例えば売上拡大であれば「売上金額」、人件費の削減であれば「人件費」が指標となります。

一方、目的がセキュリティ強化、請求計算の正確性確保、業務管理の強化という場合はどうでしょうか？　これを金額換算するとなると、直接的に関係する金額項目がなく悩むところです。

セキュリティ強化で考えてみます。顧客名簿が外部に流出した場合「お詫(わ)びに顧客1人あたりに1000円の商品券を配り、社会的信用度が低下したため新規受注が30%減った」と「仮定」しリスクを金額換算します。リスクが顕在化した場合の被害を正確に算出することは非常に難しく、そこで用いる数値は全て「仮説」によるものです。この仮説は担当者が設定することになりますが、その数値に確実な根拠はありません。仮説が入るほど、数値の信頼度は低下していきます。

このように単純に金額換算できないケースはよくあります。そのため多くの現場では全てを金額換算せず、費用対効果をうやむやにしてしまいます。

それでも数値化は重要

全ての金額換算は難しいですが、それでも数値化や定量化を試みることは重要です。そうしないと効果が測れないからです。そのための工夫として、「最終指標」と「中間指標」を設定します。「最終指標」は金額換算した効果が入りますが、仮説も含まれます。一方、「中間指標」は金額にこだわらずに、確実に数値化できるものを設定します。

必ずしも最終指標と中間指標を分ける必要はありません。全てを金額換算することが理想ですが、目的によっては中間指標までで十分なケースもあります。

図11 システムの目標に対する中間指標、最終指標の例

目標	中間指標	最終指標
処理の作業コスト削減	削減された作業時間	人件費
処理ミスの排除	処理ミスの件数	対処に費やした総額
わかりやすい請求内容の表記	請求書への問い合わせ件数	対応する人件費
問い合わせ対応時間の削減	問い合わせ対応時間	対応する人件費
売上拡大	引き合い件数	売上金額
成約率向上	成約率	売上金額
在庫管理の強化	品切れによる失注件数	粗利
在庫管理の強化	期限切れによる廃棄件数	粗利
セキュリティ強化	監査指摘件数	リスク換算金額
システム保守費用の削減	保守費用	保守費用
社員の保守対応コストの削減	保守対応にかかる時間	対応する人件費
サーバーダウンの回避	アクセス不可時間	対処に費やした総額

RULE 10 要求機能一覧でブレない自社の基準を作る

システムは自社の要求次第

「無駄な機能はたくさんあるのに肝心な機能が使えない」
「システム化したのに逆に手間がかかるようになった」
「システム費用が増えてしまった」

これらは、システム導入がうまくいかなかったと嘆く担当者のコメントです。原因はどこにあるのでしょうか。IT ベンダーの力量不足、パッケージシステムの欠陥などいろいろありますが、それ以上の原因として「自社が的確な要求を提示できなかった」ことが考えられます。

いくらベンダーに実力があり、パッケージシステムが立派であったとしても、自社の要求が適切でなければシステム導入はうまくいくはずがありません。自社がほしい機能とベンダーが提供する機能の間に、ギャップが生じるからです。

要求が曖昧になると、ベンダーは自分たちの思い込みで機能を作ります。その結果「使いたい機能」は作られず「使わない機能」が作られることになります。「使いたい機能」がない場合、手作業が増えるため手間がかかります。「使わない機能」が多くなると、使いもしないのに開発コストや運用コストが上積みされてしまいます。

本当に必要な機能だけを備えたシステムを導入する。

そのために「要求機能一覧」を作ります。

ベンダーに会う前に社内の統一見解を作る

「ほしい機能を作ってもらうだけでしょう？　何が難しいの？」
と疑問もあるでしょう。実に簡単なことのように見えますが、問題は相手が手練れの営業担当者ということです。

システムを売り込んでくるベンダーの営業トークは、素晴らしいものがあります。自分たちの商品を良く見せるためのキーワード、鮮やかなビジュアル、適度にヨイショした巧みな話術、それらを組み合わせて営業をかけてきます。目的もなく聞いていると、どんな商品でも良く見えてしまいます。もともと必要でない機能がほしくなり、必要な機能の不足を見落としていきます。そのベンダーは自社の苦労にうまく共感する姿勢を示し、わが社の最大の理解者とさえ思えてきます。そうして「勘違いで導入したシステム」は、後から現場で「使えないシステム」とレッテルを貼られてしまうのです。

また、何も準備せずにベンダーの質問に答えていると、自分たちの要求が場当たり的なものになっていきます。きちんと軸を持っていなければ、その場その場で思いついたことをベンダーに伝え、社内の整合性すら保てなくなります。プロジェクトメンバーが複数の部門から選出されているなら、それぞれ別々のことを要求してしまうこともあります。

「要求機能一覧」とは、システムへの各要求を整理した一覧表のことです。

事前にこの一覧を作成し、関係者と合意をとっておきます。その一覧を準備した後に、ベンダーの話を聞きます。話を聞きながら「要求機能一覧」が網羅されているかを、ひとつひとつチェックしていくのです。

流暢（りゅうちょう）な営業トークを聞いた後、そのチェックで漏れた機能があれば確認していきます。もし提供が難しい機能であれば、その営業担当者はトーンダウンするはずです。ベンダーの話に流されずに、客観的に検証できるようになります。

関係者に幅広く声をかける

まずは「要求機能一覧」の情報収集として、関係者に幅広く意見を出してもらいます。プロジェクトメンバーだけでなく、実際のシステムを使っているエンドユーザー、関連部署、経営層など幅広く声をかけます。

多くの声を拾うことは、時間も手間も非常にかかります。しかし、声をかけてもらった本人は悪い気はしませんし、関係者として当事者意識が芽生えます。今後プロジェクトを推進していくために、支援者が増えていくことになります。

「この人は関係ないかもしれないけど、とりあえず声をかけてみよう」ぐらいの意識の方が良いと言えます。

例えば、経営層に対して確認していくことは気が引けるかもしれません。しかし、経営層もシステムに対するこだわりは実は強く持っています。経営層も巻き込むことで、全社的なプロジェクトとして力強く進めていくことができます。

RULE

11 要求機能一覧はこう作る

数を出してから絞る

要求機能一覧の作成手順としては、次の３ステップで進めます。

①ボリューム重視でひたすら集める

まずは幅広く関係者から情報を集めます。この段階では「システムで実現できるのだろうか」とか「この機能は高くつくんじゃないか」は気にする必要はありません。それはベンダーが考えればいいことです。システムでどう実現化していくかは、ベンダーの専門領域であり、ベンダーのアイディアを引き出した方がうまくいきます。

また、要求の出し手によって表現が様々なため「機能Ａは細かく要求」「機能Ｂはおおまかな要求」とばらつきも発生しますが、この時点では気にしません。大きな観点で「漏れ」をなくすことが目的だからです。ひたすら洗い出し、ざっくり分類して書き込んでいきます。

洗い出しのポイントは「システム観点で細かく書きすぎない」ということです。例えば「ユーザーログイン管理」や「パスワード管理」などのレベルまでリスト化すると、本当に必要な機能が埋もれてしまうからです。

②システムの目的に沿って優先順位をつける

一通り出し尽くしたら、優先順位をつけていきます。現場の意向を重視しすぎると目先の部分最適化となってしまうため、経営層、業務関係者、システム担当と全社的に確認していきます。

順位としては「目的達成のために必須か」⇒「業務的に重要か」⇒「こだわりたい機能か」で検討していきます。

なお、この時点で優先順位の低い機能は「対応見送り」を決めることもできますが、ベンダーの提案を受けてから決める方がお得です。優先順位が低くても、オプション機能として備えていたり、ほとんどコストがかからず「ついでに」構築できる機能もあるからです。費用対効果を見てから判断します。

③社内関係者に展開して合意を得る

完成した「要求機能一覧」を社内に展開して、最終確認します。ここで合意が得られれば、全社的な要求として確定します。ベンダーに話を聞く準備が整ったと言えます。

図12 要求機能一覧のサンプル

分類	要求事項	優先順位
請求	自社の請求書フォーマット50種類に対応する。また今後も増える可能性があるため、フォーマットの柔軟性を確保する。	1
請求	自社の10種類の経費を自動計算する。計算式はマスターで指定可能とする。	1
請求	請求データは過去2年分を参照可能とする。	2
入金	取引先からの入金情報をもとに、自動消込処理を行う。	1
マスター	取引先マスターは階層化させ、受注単位、請求単位、入金単位をそれぞれ柔軟にマスターで設定できるようにする。	1
営業支援	営業担当者がスマートフォンで外出先から営業日報を送信する。	2
営業支援	営業担当者が外出先の商談でタブレットを活用し、当社案内や商品情報を表示する。	2
営業支援	契約書類のペーパレス化。タブレットに契約内容を表示させ、顧客はタブレットにタッチペンで署名する。	3
請求	請求データを所定フォーマットでcsv出力し、統計システムに自動連携する。	1
請求	売上、請求、入金の仕訳データをcsv出力し、会計システムに自動連携する。	1
マスター	取引先マスター登録時に、現在すでに登録されていないか重複チェックを行う。	3
受注	FAXの注文書を自動読み込みし、受注データとして取り込む。	2
受注	受注金額を先月と比較し、10倍や10分の1になっている場合、アラートを出す。	3

ざっくり分類する

システム観点で細かく書きすぎない

自社としての優先度を書く

RULE 12 システム関連図で森を描く

木の前に森を描く

「システムの全体像は今どうなってるの？」

企画説明を受けた社長や役員の方が、よくする質問です。説明する方は構築するシステム本体を熱心に伝えますが、周辺システムを含めた全体像の話は後回しになりがちです。経営層は、全社的な判断を行うため全体像を求めています。

システムを「木」とするならば､周辺システムも含めたシステム全体像は「森」と言えます。その森の資料として「システム関連図」を作成します。

「システム関連図というと、専門知識を持ったベンダーが作るものでは？」

と思うかもしれませんが、これは自社で作るものです。周辺システムと何のデータを連携しているかは自社の固有情報であり、作成も難しくありません。むしろベンダーが作ると技術的な表現が多くなり、業務要求がわかりにくくなりがちです。ここで作るシステム関連図は、システムに詳しくない利用部門にも伝わる俯瞰(ふかん)図を目指します。

なお、この資料は社内だけでなく、ベンダーに説明する際にも重要となります。なぜなら周辺システムとの連携は、提案内容と金額に直接影響するからです。ベンダーの大きな関心事項の１つとも言えます。

システムをデータで結ぶ

システム関連図は、システムの入力と出力を表した図となります。入力と出力は主に「データ」と「帳票」に分かれます。それらをシステム間で結んでいくと、社内システムの全体像を表現することができます。

導入対象システムを中心に据え、連携システムを周囲に配置します。そして連携する方向を矢印で表し、データ名や帳票名を記載していきます。

また、システムを表す枠の中に「機能名」を表す枠を作る場合もあります。システムによっては、名称から内容が推測しづらいものもあるためです。システムの説明文を追加しても良いですが、記載量が多くなってしまいます。システムの機能を表現することで、そのシステムの内容を簡潔に表すことができます。

シンプルに描く

たまに、情報を盛り込みすぎたシステム関連図を見ることがあります。

フォントを小さくして情報をたくさん表現しても、読み手の気力が失われるだけです。間違ったことは書いていないのですが、システムを俯瞰するという意味では逆行してしまいます。

ファイルの形式やファイル名、連携タイミングなども細かい情報なので、ここでは割愛します。システム間でどんな情報を連携しているかわかれば結構です。それだけでも、かなりの情報量となります。

システム関連図は、情報を盛り込みすぎないことです。簡潔な表現にとどめ、長文説明は避けます。データ連携もメインルートに限定し、イレギュラーまでは表現しないようにします。

図13 システム関連図サンプル

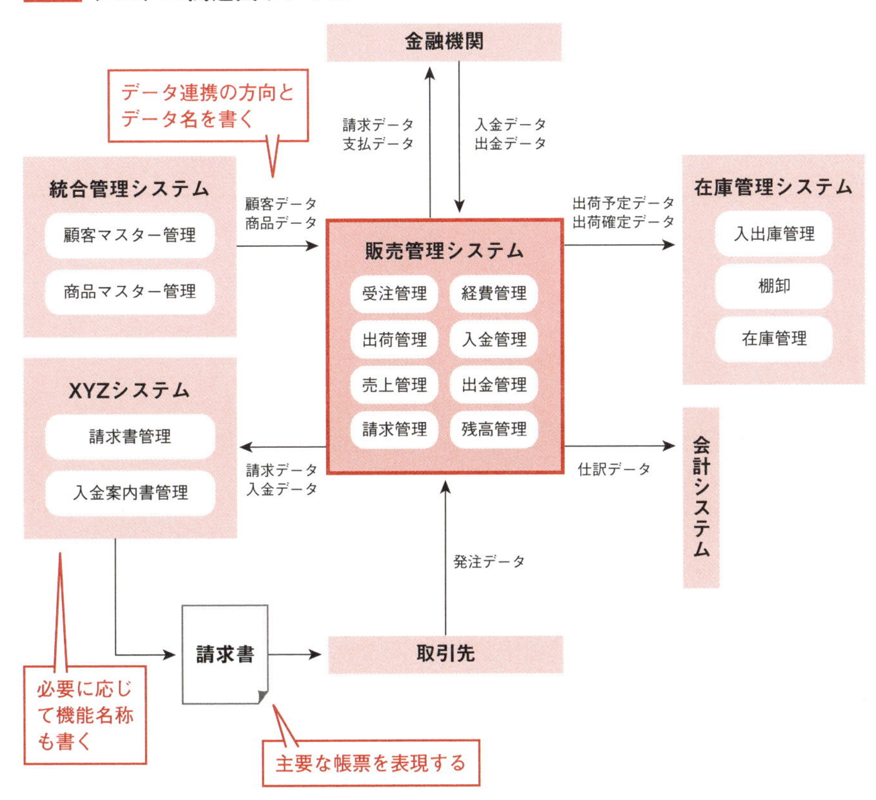

RULE 13 パッケージ導入は選定が全て

星の数ほどのパッケージから最適を探し出す

「パッケージ導入」とは、市販されている既製品のパッケージソフトウェアを導入することです。各業務で一般的に使われる機能を「パッケージ」としてまとめてあります。パッケージのメリットは「安く早く」導入できることです。

近年、多くのパッケージソフトが登場しています。どんな業務であっても、必ずその業務に特化したパッケージ製品が存在します。一般的なものでは、受注、生産、販売、入出金、人事、会計、勤怠、営業支援、採用、書類管理……等々、種類も豊富で選ぶ方が困るほど存在します。

さらに条件を絞ってみても「不動産に特化した販売管理システム」「介護サービスに特化した業務管理システム」「ホテル業に特化した勤怠管理システム」「高齢者の人材派遣に特化した職能管理システム」など、何でも揃(そろ)っています。ニッチな業務だと思っていても、システムが必要とされる現場には、必ずそのパッケージソフトが存在します。

問題は「膨大な選択肢の中からどうやって選ぶのか」ということです。

ニッチな業務でも2～3種類は存在し、一般的な業務であれば10～20種類は存在します。同じ業務を対象とするパッケージであっても、機能・価格・サポートサービスなどでそれぞれ特徴があります。

いかに自社の業務にフィットするか、必要最小限の機能で価格を抑えることができるか。パッケージ導入は「選定が全て」と言っても過言ではありません。

業務標準化の線引きを行っておく

「パッケージは、カスタマイズ（改修）すれば問題ないのでは？」

と思われる方もいるかもしれません。確かにカスタマイズすることで、現場業務に適合させることはできるでしょう。しかし、カスタマイズということは、その部分を開発することになります。カスタマイズの量が増えるほど、お金と時間が余計にかかってしまいます。「高く遅く」となってしまい、何のためにパッケージを導入するのかわからなくなります。

「カスタマイズを行うこと自体が悪い」というわけではありません。一部に対しては、非常に有効な手段です。しかし、全体的に不適合なパッケージに対してカスタマイズを行うことは、基礎が不安定な土地に家を建てるようなものです。表面上の見栄えや小手先の機能を良くしても、根本的な構造の問題は解決されません。カスタマイズは、あくまで「適切なパッケージ」を選んだ後のオマケで考えるべきです。

この「適切なパッケージ」を選定するには、どうすれば良いでしょうか？

それは「業務標準化の線引きをしておく」ということです。

業務要求の中で「当社として絶対にゆずれない」「他社との差別化を生んでいる」部分は、業務を変えるべきではなく、標準化できない領域と言えます。

一方「他社との差別化は不要」「定型業務であり効率化を求める」部分は、現行のやり方にはこだわらず、業務標準化を視野に入れます。

パッケージは「一般的な業務フローに合わせた作り」となっているため、パッケージに合わせた業務に変えることで、業務の標準化が行えます。時間経過とともに複雑化した業務、合併のなごりで部署ごとにやり方の異なる業務などには、事務コストが削減され、非常にメリットがあると言えます。

これら「標準化できる」「標準化できない」の領域をあらかじめ線引きした上で、パッケージを選んでいくということです。この標準化の線引きは「要求定義一覧」の優先度に反映し、作成していきます。

パッケージ選定までの期間を十分に確保する

パッケージ選定において、もう1つ重要な要素があります。

それは「選定までの期間を十分に確保する」ということです。

正しく選ぶためには、自社業務の「現状」と「あるべき姿」を正しく認識できていないといけません。その上で、候補となるパッケージの適合性を慎重に見極めることが重要です。これらの工程を早送りすればするほど、選定ミスを誘発してしまいます。

パッケージ選定を誤った後では、何をやっても取り返すことはできません。それを十分に認識した上で、最初のスケジュール作成時に、あらかじめ十分な選定期間を確保しておきます。

RULE 14 パッケージ導入スケジュールはこう作る

パッケージ導入の各工程は決まっている

パッケージ導入のスケジュールはパターンが決まっており、おおよそ右図のようになります。プロジェクトの内容に応じて、期間を調整すれば概要スケジュールは簡単に作成することができます。

どの工程も重要ですが、特に「システム化構想」と「パッケージ選定」は無理をせずに十分な期間を設定するようにします。適切なパッケージを選定できなければ、後の期間はどれだけ長くしようが取り返しがつかないからです。

図14 工程の説明

工程	説明
システム化構想	企業が思い描く、システムへの要求を企画書としてまとめます。企画をもとにベンダーへのシステム要求をRFPとして作成します。
パッケージ選定	自社に最適なパッケージを調査し、選定します。まず候補先をリストアップし、徐々に数を絞っていきます。厳選したベンダーに対してRFPを発行し、ベンダーの提案内容を評価し、選定先を決めます。
要件定義（FIT&GAP）	要件定義の最初にベンダーとプロジェクト計画を合意し、その後にパッケージの要件定義を行います。要件定義はFIT & GAP（パッケージ仕様と自社要求の適合分析）が中心となります。カスタマイズの検討も行います。
マスター準備	パッケージ導入の場合、マスターデータの準備はほぼユーザーが行うことになります。マスターデータは、受入テストの前までに準備する必要があります。
受入テスト	ユーザーが一番忙しくなる工程であり、十分な期間が必要です。WBS上では、各テスト種類ごとに期間を設定していきます。
運用設計	各種マニュアルを作成します。業務マニュアルを新規で作る場合は、かなり時間はかかります。また、操作説明会も計画します。
稼働準備～	新システムを稼働させる準備を行います。稼働判定で全社承認を受けて、稼働が正式に決まります。プロジェクトによって並行稼働の有無が異なります。並行稼働を実施しない場合は、本稼働に向けてのタスクのみとなります。

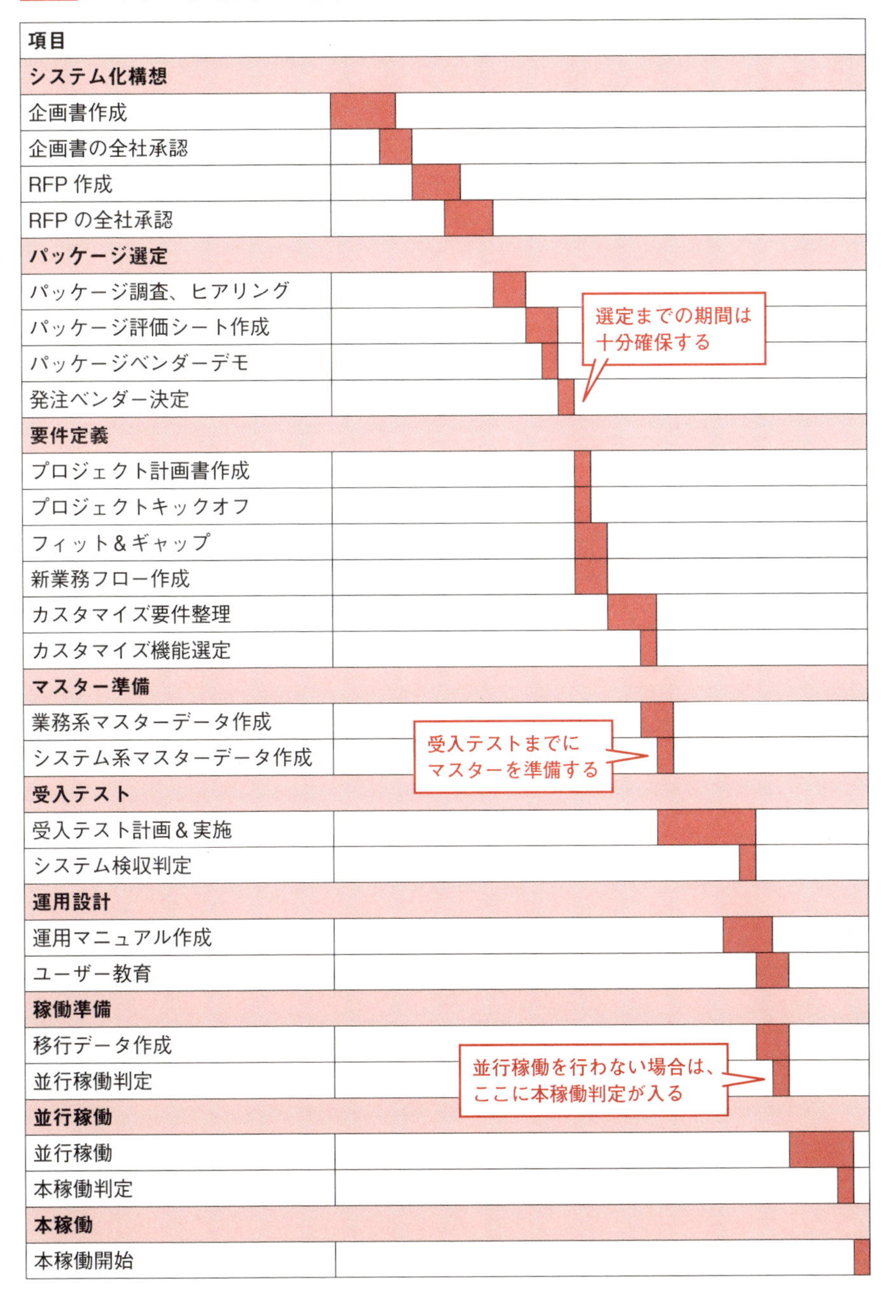

図15 パッケージ導入のスケジュールパターン

RULE 15 スクラッチ開発は総合力が問われる

スクラッチ開発は企業の独自性を支える

IT 業界では、オーダーメイドでシステムを構築することを「独自開発」や「スクラッチ開発」と呼んでいます（以下スクラッチ開発とする）。企業の要求をひとつひとつ忠実にシステムに落とし込んでいくため、世界に1つしかない「独自システム」が構築されます。

一昔前までは、どこの現場でもスクラッチ開発が行われていました。しかし現在では、多くのパッケージソフトが登場し、企業は「スクラッチ開発」か「パッケージ導入」かの選択肢を持てるようになっています。パッケージのラインナップが充実するにつれ、今後もその需要は大きくなっていくと予想されます。

では、今もなおスクラッチ開発を選択する理由は何でしょうか？

それは企業が重要な業務において、こだわってシステムを構築したいからです。そもそも、独自性が強い業務はパッケージが存在しません。パッケージは一般的な機能しか搭載していないからです。独自業務を確立し、他社との差別化が利益を生んでいるのであれば、その業務はスクラッチ開発で作るべきです。

今後は、1つの企業の中で「一般的な業務はパッケージ」「こだわりたい業務だけスクラッチ開発」と二極化が進んでいくことになります。

スクラッチ開発は自社とベンダーの共同作業

スクラッチ開発は、社内の労力と時間をかなり必要とします。ゼロからシステムを構築するということは、全てを手作りしていくということです。システムに求める機能は、1つずつ定義していきます。設計書自体はベンダーが作成しますが、要件の提示や設計レビューにかなりの時間が割かれます。ベンダーから多くの問い合わせも受け、ひとつひとつベンダーに回答していく必要があります。

一般的にスクラッチ開発の場合は、社内でもエース格の専任者を設けます。社内とベンダーの間で調整も多く、自社が積極的に動き回る必要があるためです。自社の人材レベルが高くなければ、雑多なタスクをさばききれず、プロジェクトはすぐに回らなくなってしまいます。

では「自社がしっかりしていれば、ベンダーはどこでもいいのか？」と言われれば、残念ながらそういうわけにもいきません。

スクラッチ開発は、ベンダー能力にも大きく左右されます。設計力、技術力、コミュニケーション能力、プロジェクト管理能力と、求められる能力は多岐にわたります。1つでも欠けていると、プロジェクトは容易く転覆してしまいます。安易に安いベンダーを選ぶのではなく、実績があり、プロジェクト管理能力の高いベンダーを選ぶ必要があります。

以前、安いという理由だけで契約したベンダーのプロジェクトがありました。表向きはひたすら低姿勢で、話をしている感じも悪くはありません。

しかし、プロジェクトが中盤に差しかかり、考慮漏れや不具合が多発しました。確認してみると「そのような話は聞いていない」「我々は言われたことしかやらない」「考慮漏れがあるなら言ってくれないとわからない」という反応でした。

完全な下請け体質で、自分たちで考えて行動することは皆無でした。プロジェクトに対する受け身の姿勢は、全てを悪循環にします。結局、そのプロジェクトは「火消し役」として別のベンダーを連れてきて、何とか完了させました。コストは予算の3倍にも膨れ上がり、スケジュールも大幅に遅れたことは言うまでもありません。

スクラッチ開発では、自社とベンダーが共同でシステムを構築していきます。自社かベンダーかどちらの能力が欠けていても、プロジェクトはうまくいきません。プロジェクトとして総力戦で挑まないと、失敗するということです。

スクラッチ開発は高度なプロジェクト管理が問われる

一般的にスクラッチ開発は、パッケージ導入と比較して大幅にコストと時間がかかります。小規模なもので2～3倍、大規模なものになると5倍以上も開きがあります。そして規模が大きくなればなるほど、かなりの確率でコストオーバーやスケジュールの遅延が発生します。

プロジェクト進行中も、プロジェクトの進捗管理や課題管理、品質管理などは常に確認していきます。これは自社だけでもダメで、ベンダーだけでもダメです。双方で注意深くプロジェクトを管理して、初めてスクラッチ開発は計画通りに進めていくことができるのです。

RULE 16 スクラッチ開発スケジュールはこう作る

代表的なパターンは決まっている

スクラッチ開発のスケジュールにおいて、代表的なパターン(ウォーターフォールモデル)は右図のようになります。中盤のベンダータスクも表現することで、全体の流れがわかりやすくなります。

スクラッチ開発の場合は、オーダーメイドで作成するため「要求が全て」です。RFP作成までの期間を十分に確保し、自社の要求を漏れなく整理しておきます。

図16 工程の説明

工程	説明
システム化構想	企業が思い描く、システムへの要求を企画書としてまとめます。企画をもとにベンダーへのシステム要求をRFPとして作成します。
ベンダー選定	自社に最適なベンダーを調査し、選定します。まず候補先をリストアップし、徐々に数を絞っていきます。厳選したベンダーに対してRFPを発行し、ベンダーの提案内容を評価し、選定先を決めます。
要件定義	現行業務を分析し、あるべき姿を定義します。システム機能に優先順位をつけて決定していきます。
ベンダー開発	ベンダー中心のタスクであり、自社はレビューや質問回答などが主な作業となります。定期的な進捗会議や課題検討会議などでベンダー状況を確認します。
受入テスト	ユーザーが一番忙しくなる工程であり、十分な期間が必要です。WBS上では、テスト種類ごとに期間を設定していきます。
運用設計	各種マニュアルを作成します。業務マニュアルを新規で作る場合は、かなり時間はかかります。また、操作説明会も計画します。
移行準備	スクラッチ開発の場合は、現行システムから新システムのデータ移行もベンダーに依頼することが一般的です。移行仕様はベンダーと調整して定義し、移行プログラムはベンダーが作成します。
並行稼働〜	新システムを稼働させる準備を行います。稼働判定で全社承認を受けて、稼働が正式に決まります。プロジェクトによって並行稼働の有無が異なります。並行稼働を実施しない場合は、本稼働に向けてのタスクのみとなります。

図17 スクラッチ開発のスケジュールパターン

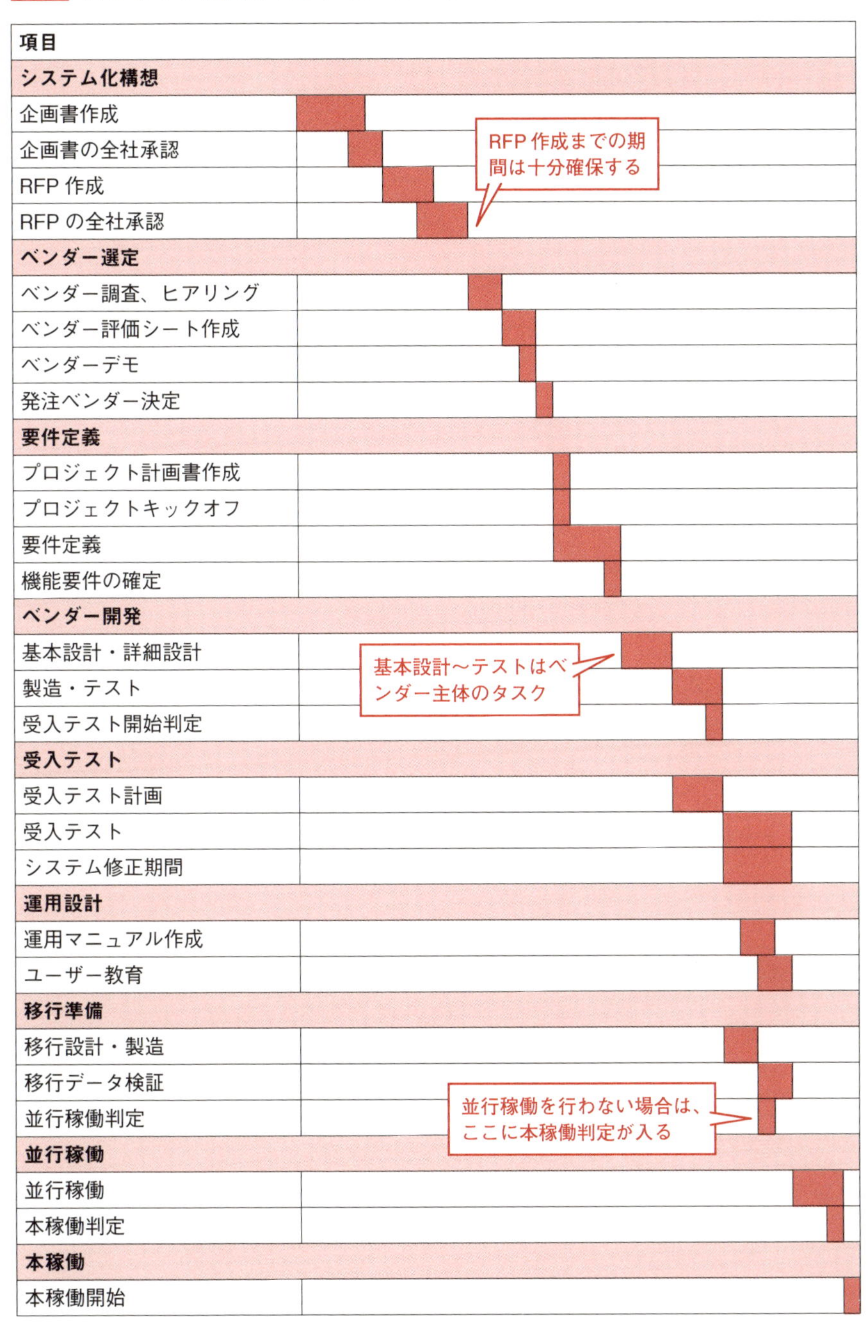

RULE 17 クラウドは事業面や業務面から相性を判断する

クラウドを企画する担当者

あるプロジェクトで企画書の作成をお手伝いしていた時のことです。

「老朽化したシステムを刷新しクラウド化する」

と目的に書かれてありました。担当者に詳しく聞いてみると、新聞で「ある金融機関が全てのシステムをクラウド化する」とあったので自社も取り組むとのことです。さらに確認すると「スマホやタブレットが使えるので……」とは言うものの、その用途はこれから考えるとのことでした。

また「パッケージにするかクラウドにするか悩んだ」とも話しています。

「クラウド化」は大きなキーワードですが、導入をどう検討していけばいいのでしょうか？

クラウドが目的ではない

まず整理すると「スクラッチ」「パッケージ」「クラウド」と横並びになるわけではありません。クラウドはサーバーを自前で準備せず、インターネット上のサーバーを使うという「システム構成」の話です。このクラウドの対義語として、自前でサーバーを準備して使うことを「オンプレミス」と言います。

クラウド上でもスクラッチ開発を行うことはできます。クラウド版のパッケージもあり、カスタマイズしていくこともできます。クラウド版の統合パッケージもあります。オンプレミスでできることは大抵、クラウドでもできます。

つまり分けるならば「オンプレミスのスクラッチ」「オンプレミスのパッケージ」「クラウドのスクラッチ」「クラウドのパッケージ」となります。

まずは、オリジナルにこだわるかどうかの観点で「スクラッチ」か「パッケージ」の判断があり、システムの構成として「オンプレミス」か「クラウド」の判断があるということです。

では、クラウドにするかどうかの判断とは何でしょうか？

クラウドと聞くと「スマートフォンやタブレットの活用」「インターネットを経由」「初期費用がかからない」などいろいろなイメージが浮かんできます。

ここでは企業のシステムとして、考慮すべきポイントを３点に絞ります。

①場所を選ばず使える

クラウドはインターネット上にあるため、インターネットに接続するシーンの多い業態では相性が良いと言えます。例えば、営業職が外出先でパソコンやタブレットを活用したり、現場に直行直帰する人が外でメールやスケジュール、お知らせ情報などをスマホで確認したりすることができます。場所を選ばずに使えるのは大きな利点です。

②拠点を集約できる

クラウドは物理的に離れた場所からの入力を集約します。例えば全国の支店から売上を入力したり、各自バラバラの勤務先から打刻情報を入力したりできます。承認ルートが「担当者→課長→部長→社長」で各自が異なる拠点で勤務していても、インターネットさえ繋がれば問題ありません。

③スモールスタートできる

新しい事業を立ち上げ、模索する時期は、クラウドがうってつけです。仮にすぐに撤退しても、初期費用がほとんどかからないため、システム投資で大きな損失は発生しません。また徐々にユーザー数を拡大したり、スペックを増強したりすることも柔軟に行えます。使う分だけ費用を払えばいいので、無駄がありません。

事業面や業務面からクラウドの採用を考える

クラウドについては、他にも「すぐに使える」「バージョンアップが不要」「設置場所が不要」「電気代や場所代が不要」「バックアップや二重化の考慮不要」などメリットがたくさんあります。しかし、企業のシステムを判断する要素としては付加的なものです。

またコスト面では、短期的にはクラウドが有利ですが、長期的に使い倒せばオンプレミスの方が安価になる場合もあります。セキュリティ面はクラウドを心配する人が多いですが、そこまでリスクに差はありません。

細かい部分にとらわれず、あくまでも事業面や業務面からクラウドとの相性を考えていくべきです。クラウドも選択肢の１つとして、メリット／デメリットを洗い出し、総合的に判断していきます。

RULE 18 クラウドでIT部門の負担を軽減する

対応に追われるIT部門

ある月曜日のことです。その企業の会計システムが、朝から立ち上がらなくなりました。ログイン画面にいくとエラー画面が表示されます。その日は、会計上の「締め日」でした。経理部門では多くの処理が予定されています。IT部門に問い合わせが殺到し、現場はパニックとなりました。

調べてみると、サーバーが十分に立ち上がっていないことが原因でした。

日曜日にビル全体の停電があったため、IT部門のメンバーが土曜日にサーバーを落とし、月曜日の朝に立ち上げました。ところが立ち上げ手順に誤りがあり、会計システムが正常に起動しなくなっていました。緊急でベンダーを呼び寄せ、復旧したのは夕方でした。

IT部門は「サーバー立ち上げ手順の見直し」「再発防止策」の検討を迫られ、経理部門からも非難の声が集中しました。

クラウドはシステム運用の作業から解放する

IT部門の役割はいろいろありますが、システムを運用する際には次のような作業を行います。

- システムの稼働監視を行う（システムによっては365日24時間も）
- サーバートラブル時の調査や対応を行う
- 定例的な操作を行う（ジョブの実行、サーバーの再起動など）

これらは、システムごとに運用方法が異なります。それぞれで運用マニュアルを準備しており、システムに変更があればマニュアルも更新していきます。

しかし、マニュアルも万全ではなく手順も複雑なため、ほとんどの現場で属人化してしまいます。その人がいないとシステムの面倒が見られない状態となり、その人の担当が長期化します。他の業務に就く機会がないため「そのシステムの運用しかできない」人材が、たくさん育っていきます。

システム運用チームは、いつも「できて当たり前」と思われており、少しでもミスをすると集中非難を浴びます。損な役回りと言えます。

クラウド化するということは、これらの作業から解放されます。

自前でサーバーを持たないため、システムにまつわる運用が大幅に少なくなります。それらの運用は、クラウド提供側が負担するからです。そのため「運用チームの人件費」「サーバーの電気代や場所代」などの費用は、クラウド料金に含まれています。

もし自社にIT部門がないなら、クラウドは恩恵の幅が広がります。

「専門でないシステムの作業がなくなってずいぶん楽になった」

これはクラウド化した業務担当者の言葉です。その方は、これまで業務とシステムを掛け持ちしていて大変でしたが、クラウド化したことで業務に専念できるようになりました。今まではは不慣れなシステム運用に時間を割かれ、ベンダーへの問い合わせも頻繁に行っていました。今では、そのような時間がほとんど発生しなくなったそうです。

また、IT部門が存在する場合でも、様子が変わってきています。

あるIT部門は「システム運用チーム」と「プロジェクトチーム」を同じ人数で構成していました。クラウド化が増えるにつれ「システム運用チーム」の人員を減らし、今では「プロジェクトチーム」が大半を占めるようになりました。ITプロジェクトの質も向上し、好循環だと聞いています。

1つのシステムをクラウド化しただけでは、あまりインパクトは大きくないかもしれません。しかし大半のシステムをクラウド化したなら、必ず大きなインパクトがあります。実際に、そのような企業は増えています。

○ 自社の人材をどこに集中させるか

クラウドは、技術面や業務面に注目が行きがちですが「システム運用の人材を他に回せる」というのは経営面でも大きなメリットではないでしょうか。

近年、コア業務に人材を集中させ、それ以外はアウトソーシングするという流れが大きくなっています。クラウドは、それを簡単に実現する手段にもなり得るということです。

貴社のIT部門は、どのように人材を育てていく方針ですか？

RULE 19 基幹システムは全体計画に従い導入する

ある基幹システムのリプレイスプロジェクト

ある企業では「受注」「請求」「会計」のシステムがそれぞれ独自に構築されており、全体的に不整合が生じていました。各部署で同じデータを二重入力する負担や、人手による連携ミスで障害が発生しています。そこでこれらのシステムを全社的に再構築することを決定しました。

再構築後は「受注システム」⇒「請求システム」⇒「会計システム」とデータ連携を計画します。この連携で自社の業務全体がようやく最適化されると、関係者は皆期待していました。

初期調査を行い「請求システム」が最も複雑で、業務整理だけでもかなりの時間がかかるとの結果でした。一方、「受注システム」と「会計システム」は、業務としてはシンプルですぐにでも導入できる、と結論づけました。

そこで「受注システム」と「会計システム」を先行着手し、手ごろな価格のパッケージを導入しました。すぐに運用を開始し、業務もスムーズに行われています。カスタマイズも行っていないため、不具合も発生していません。

次に「請求システム」に着手し、まずは業務整理を行います。多くの取引先を抱えており、請求パターンは実に50種類以上もありました。その膨大なパターンに耐えられるパッケージが、1つだけ見つかります。大変高価でしたが、他に選択肢はなく導入に踏み切りました。

ところが蓋を開けてみると、先に導入した2つのシステムとデータ連携のフォーマットが大幅に異なるため、多くの修正が必要になります。

「会計システム」は、大幅にカスタマイズが発生しました。パッケージの原形をとどめないほど仕様が変わり、品質も不安定になってしまいます。

「受注システム」に至っては、カスタマイズするよりもスクラッチ開発した方が安いとの見積もりが出ました。結局、買ったばかりのパッケージを捨てて、スクラッチ開発で作り直しました。

一連のシステムリプレイスは、当初の予算をはるかにオーバーし、スケジュールも大幅に遅れが生じてしまいました。

基幹システムは全体計画を先に行う

「基幹システム」とは、業務に直接関わりがあり、システムがストップすると業務もストップしてしまうようなシステムのことです。流通業であれば受注・請求・入金・支払など、製造業であれば生産・在庫管理など、金融業であれば勘定系業務などです。

これら基幹システムは、複数のシステムを経由しながら企業全体でデータが流れています。このデータ連携の部分は、設計の肝となる部分です。この連携が不十分になると、人手による負担が増え、手作業によるミスの温床となります。ミスは業務に甚大な被害を及ぼし、業務は停止に追い込まれます。

基幹システムは、全体計画が先にあり、その計画に従った順序で導入していきます。「データの入力はどの部署（どのシステム）で行うべきか」「アウトプットはどの部署で行うべきか」「全社的なデータの流れはどうあるべきか」などを検討し、まずは基幹システム全体の設計を行います。

データ連携の機能を考えると、全ての業務をカバーする「統合業務パッケージ」は有力な選択肢です。主なデータベースは一元管理されているため、データ連携すらも最小限で済みます。

その反面、統合業務パッケージに業務が適合しない場合、使えない標準機能の代わりにカスタマイズが多く発生し、費用は高額になってしまいます。

統合業務パッケージを使わないのであれば、システムの組み合わせを検討していきます。まずは、最も重要なシステムを先に計画し、そこでは妥協をせずリッチな機能を求めます。そのシステムに合わせる形で、周囲のシステムを計画していきます。パッケージソフトとスクラッチ開発を組み合わせ、まずは全体構成を先に決めてしまいます。

最適な基幹システムは企業を支える

基幹システムが整備された企業は、その企業の業務が全体最適化されていると言えます。業務は効率化され、本業に専念する環境が整っています。

基幹システムの導入においては、まずは全体計画を立てます。その次に、優先順位に従い、個々のシステムを導入していきます。システム化は、その導入する順番にも意味があるということです。

1-3 自社に最適なITベンダーを見つけるためにRFPを活用する

1-1 PJ立ち上げ → 1-2 企画 → **1-3 RFP作成** → 1-4 ベンダー選定 → 1-5 契約

● RFPがなぜ必要か

RFPとは"Request For Proposal"の略で、「提案依頼書」と訳されます。自社のシステム構想を示し、ベンダーにシステムの提案をお願いする文書のことです。

言い換えると

「こういうシステムを入れたいんだけど、具体的な提案をお願いできますか？」という文書のことです。

RFPには、システム導入に関する全ての要求事項を記載します。「システムにほしい機能」はもちろんですが、例えば「開発スケジュールは8か月」「予算は2000万円」「365日稼働させる」「バックアップは1年分保存する」「著作権は当社が持つ」「ベンダーの作業場所は自社指定の作業フロアで」など、あらゆる関連項目を盛り込みます。

これらRFPを候補ベンダーに発行（提示）することで、各ベンダーはシステム導入の条件を正確に把握することができます。ベンダーはこのRFPにもとづき、自社の要求に沿った提案をしてきます。

● RFPも全社承認を得て完成となる

RFPは全てゼロベースで作成するのではなく、前の工程で作成した企画書をうまく活用して作っていきます。

その上で、企画書よりも具体的な内容は、有識者へのヒアリングや現行資料の流用などで補完していきます。

出来上がったRFPは、企画書と同じく全社的に承認を得て完成となります。

図18 RFP提示後の流れ

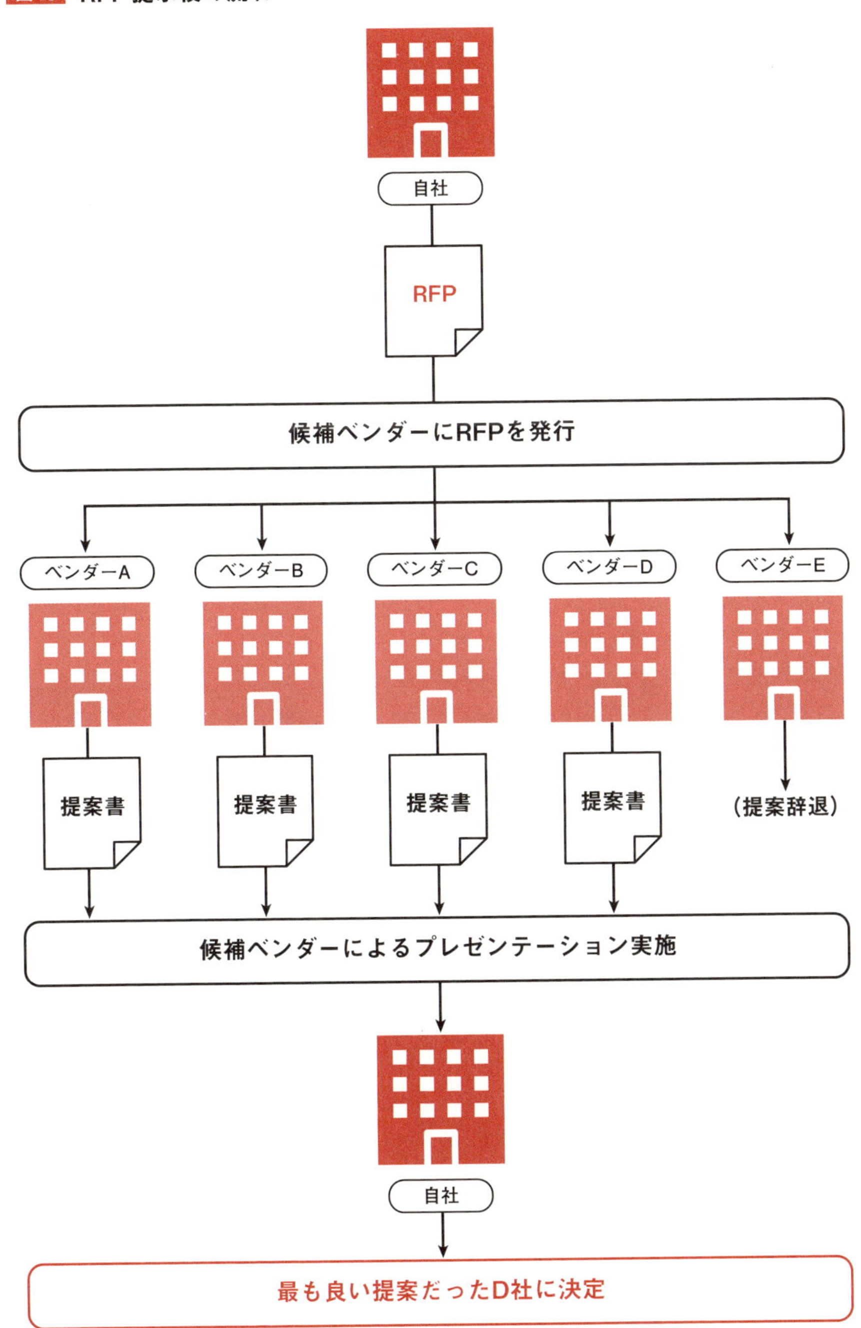

RULE 20 RFPは最適なパートナーを選ぶ手段である

システムの不満はどこに向かうのか

来期のシステム予算を検討しているときの会話です。

「こんなにカスタマイズ費用がかかるの？　別のシステムが買えるよ！」

「現場の評判は悪いし、バグも多いし、このシステムでこの先も大丈夫？」

「そもそもこのベンダーは誰が決めたの？　誰かのコネ？」

ベンダーからの見積もり金額が高かった場合は、いつも同じような会話が繰り返されます。これらの会話には2つの問題が潜んでいます。

①ベンダーやシステムが良くない

②このベンダーやシステムを選んだことに納得していない

つまり、システムへの不満が溜(た)まっていくと、最終的にはベンダーを選んだ関係者に非難が及びます。適切な要求を提示し、それに見合うベンダーを選んでいれば問題ありません。しかし、問題が起きたときは大抵、要求が曖昧なまま少人数の独断で選んでいます。

RFPは今や当たり前の世界

ユーザー企業におけるシステム導入の最重要テーマは、次に集約されます。

「適切なベンダー（またはパッケージシステム）を選ぶ」

これを解決する手段が、自社の要求を整理したRFPとなります。

RFPと聞くと「何だか難しそう」「ウチみたいな小さな企業は関係ないでしょ」「別にRFPなくても進められるよ」という反応も多く聞こえてきます。

しかし、RFPは企業の大小やシステムの種類に関係なく、作成するべきです。10年前はまだRFPという言葉は浸透していませんでしたが、現在では当たり前となりつつあります。RFPに関する書籍も多く出回っており、ユーザー企業も各社でRFPのひな型を持つようになりました。

「RFPはベンダーが嫌がるのでは？」と思う担当者も多いのですが、決してそんなことはありません。ベンダーもRFPに慣れてきていて、RFPに対する提案書のひな型を独自に持っています。むしろ自社の製品や技術力に自信を持っているベンダーほど、RFPを歓迎します。

逆に自信のないベンダーほど競争にさらされたくないため、RFPを嫌がります。特に現行システムを保守しているベンダーは、いまの取引先を失う恐れがあるため、かなり抵抗してきます。

企業にとって、どちらのベンダーを選ぶべきでしょうか？

RFPを嫌がる程度の低いベンダーを選ぶことは、企業にとっては大きな損失となります。選択肢のない状況で、ベンダーを適切に選べるわけがありません。

RFPにもとづいた提案は、ベンダー選定の前提条件とすべきです。

保守ベンダーは「自社業務の理解度」でアドバンテージを持っているはずです。それを武器に「提案をお願いします」と誘導すれば良いのです。

RFPは最適なベンダーを選ぶ手段である

RFPは「システムへの要求」が中心となるため、システムの企画書と内容が重なる部分が多くあります。しかし、企画書とRFPでは目的が全く異なります。

企画書……社内の承認を得る
RFP……最適なベンダーを選ぶ

RFPは、今後長くお付き合いするパートナー企業（ベンダー）を選ぶ手段です。システム導入プロジェクトは、大変な苦労を伴います。その苦労をともにするベンダーだからこそ、慎重に選ぶのです。

RFPは、自社要求に対して各ベンダーの提案を引き出すものです。RFPにより、複数ベンダーからの提案という選択肢を持つことができます。その選択肢の中から公平に選んでいくことで、関係者の不満は発生しなくなります。

ベンダーにも「できること」と「できないこと」があります。後から方針変更してもそれがベンダーにできない要求であれば、もはや手遅れです。

例えば「スマホ対応」とか「データセンターを設置して365日24時間監視」などを後から要求しても、ベンダーが技術や環境を持ち合わせていなければ不可能です。プロジェクトは頓挫し、ベンダーと揉(も)めるだけです。

極論すると、RFPは多少間違っていても、適切なベンダーを選ぶことができれば目標は達成となります。要求の詳細化に時間をかけるよりは、全社的な観点で要求を網羅し、事前にベンダーに提示することが重要と言えます。

RULE 21 RFP未完成でベンダーに声をかけない

ベンダーとの面会が立て込むと危ない兆候

「今日は候補ベンダー3社と面会、明日は2社と面会、もう忙しくて……」

システム導入の企画が承認され、担当者Aさんは張り切ってベンダーに何社も声をかけました。ベンダーとの打ち合わせが連日のように立て込み、Aさんのスケジュールは常に埋まっている状態です。打ち合わせがない時間帯もベンダーからメールや電話が殺到し、Aさんは「超多忙な人」となりました。

ベンダーとの打ち合わせには、Aさんの他に関連部署の代表者もそれぞれ出席します。ベンダーを目の前にして、社内で口論が起きました。各部署がそれぞれの言い分を主張し、口論は打ち合わせを重ねるごとにヒートアップしていきます。ベンダーの担当者は苦笑いするしかありません。

この状況に危機感をおぼえたAさんは、関連部署の意見をまとめようと社内会議をセッティングしようとしました。ところが、超多忙なAさんの時間が取れるのは夜しかありません。関連部署の人たちは帰ってしまい、会議も満足に開催できませんでした。

結局、ベンダー選定は予定より2か月も遅れてしまいました。十分な評価もできないまま、最も足を運んでくれたベンダーに決めました。客観的な判断というよりは、断り切れなかったというのが実情です。

関連部署の人たちは嫌気がさし、あまり協力してくれなくなりました。

RFPの未完成は負のスパイラル

Aさんは非常に優秀な方ですが、1つだけ失敗してしまいました。

「RFPを完成させる前にベンダーに声をかけてしまった」という点です。

多くの現場で、「RFP作成」と「ベンダー選定」を同時に行おうとする担当者を見かけます。「自分の知り合いのベンダーに声をかけたい」「構想段階から相談に乗ってもらいたい」と思う気持ちがあるのでしょう。その気持ちもわかりますが、RFP作成前にベンダーに声をかけるとどうなるのでしょうか？

ベンダーは自分たちが受注できるよう、リップサービスが非常に得意です。ベンダーと打ち合わせをしていると、持ち上げられて気分がよくなってきます。ベンダーが資料など全て準備してくれるので、コメントをするだけで楽です。

何社ものベンダーと打ち合わせ予定が入っていると「自分はすごく頑張っている」と感じます。周囲も「大変そうだね」と声をかけてくれます。

一方で、RFP作業とは、社内の合意形成の作業とも言えます。資料作成の手間も大変ですが、関係部署の意見調整や根回しなどはそれ以上に大変です。

ところが、ベンダーとの打ち合わせが立て込み、メールや電話が殺到すると、ついつい RFP を後回しにしてしまいがちです。社内タスクの RFP よりも、社外タスクであるベンダーとの時間を優先してしまいます。RFP のことは気になりつつも「自分は忙しく頑張っているから仕方ない」「周りはなぜ協力してくれないんだ」と次第に自分を肯定していきます。

その結果、RFP は未完成となり、社内合意を得られないままベンダー選定の期日を迎えてしまいます。十分に評価できないままベンダーが決定します。

この話の恐ろしいところは「まじめで優秀な人」でも陥ってしまうということです。各ベンダーに対して丁寧にひとつひとつ回答をしようとするほど、時間が割かれ、首が締まっていくのです。社内合意の時間が奪われていきます。

ベンダーに声をかけるタイミングは、「RFP 完成後」です。

レビューと合意形成の期間を明示的に設定する

「RFP 作成後にベンダー選定を予定すればいいんでしょう？」

となるのですが、実はなかなかうまくはいきません。なぜでしょうか？

それは、RFP 作成を文字通り「作成するだけ」で期間を設定するからです。しかし、本当に時間がかかるのは作成後の「レビュー」「合意形成」タスクです。関係者が多ければ、その分レビューの回数が増えます。レビューで指摘を受ければ「指摘部分の修正」「再レビュー」が発生し、部門を横断する場合は「部門間の調整」が必要となります。それらがすっぽり抜け落ちた状態で期間を設定するとどうなるか……ということです。スケジュールが差し迫り、結局はベンダーに声をかけるタイミングが早まってしまいます。

RFP 作成フェーズは、タスクを適切に分解し「レビュー」と「合意形成」の期間をあらかじめ設定しておく必要があります。

RULE
22 RFPの自社フォーマットを確立する

ベンダーがほしい情報は何かを考える

RFPは「自社のシステム構想を示し、ベンダーにシステムの提案をお願いする文書」と前述しました。これを受け取るベンダー側の立場で考えてみます。ベンダーはシステムを構築する上で以下の情報を求めています。

- ・システムを導入する目的は何か？
- ・システムにどんな機能を求めているのか？
- ・どんな業務を行っていて、それがシステムにどう絡むのか？
- ・現行システムはどうなっているのか？
- ・連携するシステムには何があるのか？
- ・どのような契約条件なのか？

RFPは、これら情報を整理して盛り込んでいきます。

RFPは3つの分類で整理する

上記のベンダーが知りたい情報は、主に「要求事項」「自社紹介」「契約条件」の3つに分類することができます。それらを整理してRFPに記載します。

①要求事項

システムを導入する上での要求事項です。システム企画書の内容をそのまま流用できます。主に「目的」「課題」「期待する効果」「要求機能」「スケジュール」を記載します。

②自社紹介

初めて取引をするベンダーは、自社のことを知りません。自社を理解してもらった上での最適な提案を引き出すために、自社の情報をきちんと提供する必要があります。主に「事業内容」「組織構成」「業務フロー」「現行システムの概要」を記載します。自社のパンフレットを添付することも効果的です。

③契約条件

ベンダーを選定する際は、契約条件も考慮します。なぜならプロジェクトの後半になって、ベンダーと契約面で揉めることが多いからです。後で揉めないためにも、このRFPの段階で先に契約条件を明示し、合意したベンダーを選ぶ必要があります。主に「検収条件」「瑕疵担保責任の期間」「著作権の帰属」「損害賠償金の上限」「個別契約の区切り方」を指定します。

RFPは、自社フォーマットとして一度作ってしまえば、別のプロジェクトで使い回すことが可能となります。特に「②自社紹介」と「③契約条件」は毎回変わるものではありません。面倒に感じるかもしれませんが、一度作ってしまえば、次回から負担が軽減されます。

関係者に読んでもらえるような構成を意識する

RFPには絶対的なフォーマットは存在しません。ベンダーから適切な提案を引き出すことができれば、フォーマットは何でも良いと言えます。

一方で、無節操に資料を寄せ集めると、読みにくく内容も伝わりにくくなります。後からベンダーの質問攻めで時間を取られたり、的外れな提案を受けることになってしまいます。

お互いに時間を無駄にしないためにも、RFPは適切な構成で作られるべきです。そのためのポイントは「本編＋別紙」の2部構成にすることです。

「本編」は自社フォーマットとして、今後の流用を前提に作成します。枚数も固定で、どのプロジェクトでも応用が利く作りとします。

一方「別紙」の枚数は可変で、プロジェクトの固有部分を表現します。例えば、「現行システム資料」や「業務の詳細資料」などです。

「本編」は枚数を制限することに意味があります。RFPは伝えるべき情報を網羅すると、かなりの枚数になってしまいます。全ての関係者が等しく、全てのページを必要としていません。枚数が多くなりすぎると、関係者は目を通してくれなくなります。

よって「本編」は枚数をなるべく抑え、全体が俯瞰できる資料とします。「別紙」は「本編」からの参照で、個々に詳細を表現する位置づけにします。

メリハリのある構成とすることで、関係者が確認しやすくなります。

RULE

23 RFPの目次はこう作る

最大項目から引き算する

RFPもまずは、目次から作成していきます。以下にRFPの目次サンプルを提示します。全種類の項目を記載していますが、毎回、全てを記載する必要はありません。プロジェクトに応じて、不要な項目は削除して完成させます。

この目次をもとに作成した実際のRFPを、参考までに巻末に掲載します。

図19 RFP目次（最大項目バージョン）

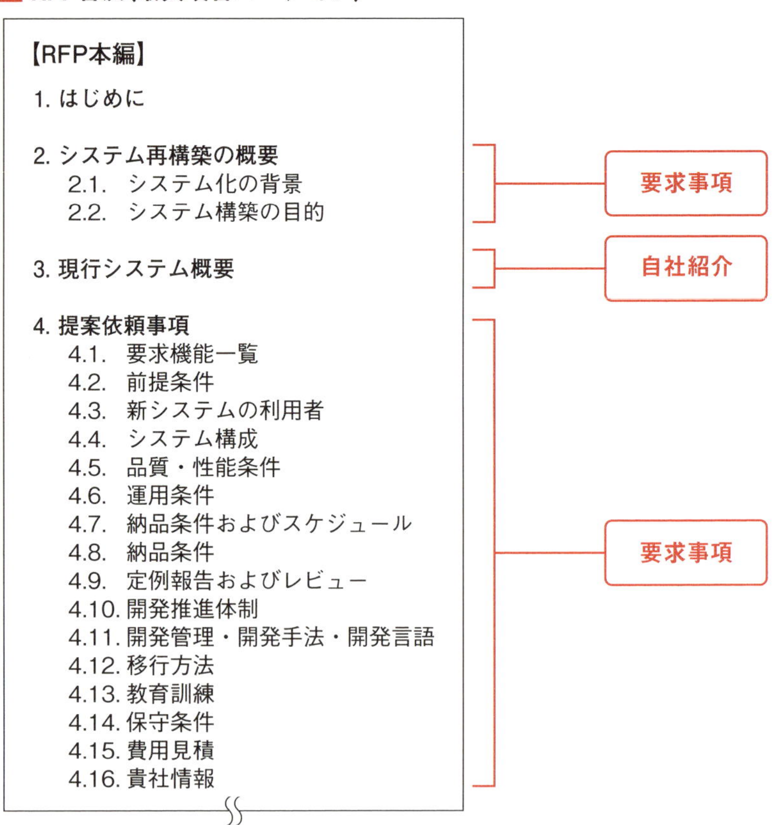

5. 提案手続きについて
　5.1.　提案手続き・スケジュール
　5.2.　提案依頼書（RFP）に対する対応窓口

6. 開発に関する条件
　6.1.　開発期間
　6.2.　作業場所
　6.3.　開発用コンピュータ機器・使用材料の負担
　6.4.　貸与物件・資料

7. 保証要件
　7.1.　システム品質保証基準
　7.2.　セキュリティ

8. 契約事項
　8.1.　発注者
　8.2.　発注形態
　8.3.　検収
　8.4.　支払条件
　8.5.　保証年数（瑕疵担保責任期間）
　8.6.　機密保持
　8.7.　著作権等
　8.8.　その他

（5〜7：要求事項、8：契約条件）

【RFP別紙】

1. 業務概要

2. 要求機能一覧

3. 現行システム関連図

4. 業務イベント
　4-1.　業務イベント（年次）
　4-2.　業務イベント（月次）

5. 業務フロー
　5-1.　業務フロー（全体レベル）
　5-2.　業務フロー（詳細レベル：業務A）
　5-3.　業務フロー（詳細レベル：業務B）
　5-4.　業務フロー（詳細レベル：業務C）
　5-5.　業務フロー（詳細レベル：業務D）

6. 現行システム出力一覧

（1：自社紹介、2：要求事項、3〜6：自社紹介）

RFP本編はこう作る

RFP本編はフォーマットを書き換えるだけで作れる

RFP本編は、プロジェクトによって記載が大幅に変わる部分を「別紙参照」として表現します。例えば「要求機能一覧」は「別紙をご覧ください」と1行記載し、本編に詳細を書かないようにします。

この「別紙参照」をうまく利用することで、本編はプロジェクトに関わらず共通フォーマットとして作ることができます。プロジェクトごとに別紙をうまく組み合わせれば、RFPは効率的に完成していきます。

以下に本編の各項目解説を示します。

図20 RFP本編の項目解説

No	RFP項目	解説
1	はじめに	守秘義務を提示することが目的です。自社の事業内容をさらけ出すため、競合他社に流出しないための約束事を書きます。ここは特にこだわる部分ではないため、固有文言で問題ありません。
2	システム再構築の概要	企画書の内容をそのままコピーすれば完成です。企画書はうまく流用することで、効率的に作成できます。
3	現行システム概要	RFP本編には現行システムの詳細は書かずに「別紙をご覧ください」の記載にとどめます。
4.1	要求機能一覧	ここも別紙扱いにします。エクセルやパワーポイントの表形式をそのまま別紙で添付した方が、見栄え的にも労力的にも効果的です。
4.2	前提条件	企画書の内容を流用します。テキストをコピーすれば完成です。

4.3	新システムの利用者	利用者人数の提示は、システムの性能要求に繋がります。後になって性能問題で揉めないために前もって提示します。
4.4	システム構成	ベンダーから最適な提案を引き出すため、自社からは仕様ではなく要望にとどめます。クラウドやスマホ活用などの要望があれば、ここに記載します。なお、社内で「標準ブラウザ」が定められているのであれば、必ず明記します（InternetExplorer、GoogleChrome、Firefox など）。特にパッケージシステムでは、「このブラウザに対応していません」と後半になってから回答を受けることもあり、重要な部分です。また、本番稼働後にテスト環境を残したい場合は、ここで要求します。後で要求すると追加費用の調整が発生します。
4.5	品質・性能条件	品質と性能について明確に提案を要求します。内容としては「システム品質保証基準」と重複するため、ここで詳細な記述は行いません。
4.6	運用条件	運用条件はRFP本編で重要な項目となります。「利用時間」は、常に稼動しないといけないシステムの場合は「原則として365日24時間稼動」を明記します。また「データ保持期間」も業務上1年前まで遡る必要があれば「13か月保持」を明記します。
4.7	納品条件およびスケジュール	スケジュールも非常に重要な項目です。企画書からコピーもしくは「別紙参照」のどちらでも構いませんが、必ず明記します。
4.8	納品条件	納品物は必ず指定します。ベンダーは必要に迫らないかぎり、自らの工数を圧迫する納品物を積極的に作ることはありません。「設計書」や「操作説明書」は当然ですが、「テスト結果報告書」や「システム品質報告書」等はこだわりたい部分です。事前に納品物として要求することで、ベンダーにしっかりテストを行うことを暗黙的に伝えます。
4.9	定例報告およびレビュー	「進捗報告会」や「レビュー」、「工程終了判定会」はプロジェクト管理において必要な会議体であり、RFPに明記します。ベンダーと契約後に要請しても、「契約外です」と断られることもあります。特に「工程終了判定会」はきちんと実施しているプロジェクトは少ないですが、厳しい品質が求められるシステムであれば必ず盛り込むべきです。

4.10	開発推進体制	提案書にベンダーの開発体制を明記するよう依頼します。お約束の文言であり、サンプルをそのままコピーして問題ありません。
4.11	開発管理・ 開発手法・ 開発言語	具体的な開発方法については、細かい指定はせずにベンダーの提案を依頼します。なお、将来的な保守ベンダーチェンジを考慮し、開発言語は「一般的なものを希望」と添えておきます。
4.12	移行方法	データ移行はベンダーの見積りに直接影響するため、明記します。マスターデータやトランザクションデータの移行有無、アプリケーションの移行、移行制約など、システムや業務の特性に応じて記載します。 また、現行システムと新システムの「並行稼働」要件がある場合は、ここに明記します。特に失敗が許されないシステムの場合は、リスク対策として並行稼働は極めて有効な手段です。
4.13	教育訓練	教育訓練は大きく「業務」と「システム」に分かれます。「業務」に関する教育は自社が自ら行わなければなりませんが、「システム」のマニュアル作りや研修はベンダーに依頼できます。プロジェクト後半において、自社は極めて多忙であり、ベンダーと分担することで自社の負担が軽減できます。
4.14	保守条件	保守はベンダーごとに違いが出にくい部分です。細かく指定せずに、ベンダーの提案を期待する姿勢で問題ありません。
4.15	費用見積	ベンダーごとに見積もりルールやフォーマットが異なるため、ひとまずは細かく指定しなくても問題ありません。
4.16	貴社情報	大半は形式的なものですが、唯一重要な項目は「導入実績」です。求める分野の「システム構築経験」があるかどうか、これはシステムの品質に直接関わります。ベンダー選定の判断材料として、実績は必須項目です。
5.1	提案手続き・ スケジュール	提案の手続きとスケジュールを提示します。日付以外は毎回固定文言です。
5.2	提案依頼書に 対する 対応窓口	プロジェクトの連絡先を提示します。一般的にはプロジェクトマネージャーまたはプロジェクトリーダーが窓口となります。

6	開発に関する条件	作業場所やＰＣの準備などは企業によって異なります。自社としての条件を設定します。
7.1	システム 品質保証基準	高性能が要求されるシステムにおいては、画面やバッチ処理の基準を明記します。特にこだわりがないとしても「画面のレスポンスタイム」だけは必ず指定します。どんなに完璧な仕様でバグがなく動いていたとしても、「画面を開くまでに30秒かかる」では話になりません。「画面は３秒以内」は固定文言と言えるかもしれません。
7.2	セキュリティ	セキュリティはどこのベンダーもしっかり対応するようになったため、ベンダーに提案を求める姿勢で問題ありません。
8.1	発注者	一般的にはプロジェクトオーナーを記載します。
8.2	発注形態	フェーズの区切りと発注形態を提示します。
8.3	検収	形式的な文言であり、毎回変更はありません。
8.4	支払条件	形式的な文言であり、毎回変更はありません。
8.5	保証年数 （瑕疵担保 責任期間）	一般的に瑕疵担保責任期間は「6か月」または「1年」のどちらかです。期間が短いほどユーザーには不利益な条件となります。まずは「1年」と明記し、もしベンダー側がどうしても難色を示した場合は、調整を検討します。
8.6	機密保持	形式的な文言であり、毎回変更はありません。
8.7	著作権等	特別な事情がない限り、著作権は自社帰属で必ず指定します。後でベンダーと揉めることが多いので、最初に明記しておきます。なお、スクラッチ開発の場合はプログラム全てが自社著作権の対象になりますが、パッケージシステムの場合はカスタマイズ部分のみが対象となります。
8.8	その他	RFPにおける最後の決まり文句です。形式的な文言であり、毎回変更はありません。

RULE
25 RFP本編で注意すべきこと

RFPは要求と仕様を使い分ける

RFPは細かく書けば良いというものではありません。なぜでしょうか？

例えば「社員が出勤した際の認証機能」という要求をRFPに記述した場合、ベンダー各社からは以下のような提案を受けることができます。

A社「社員証のICチップを読み取る」

B社「安価なバーコードで読み取る」

C社「入口にタブレットPCを置いてQRコードを読み取る」

D社「社員のスマホにアプリをインストールして位置情報より認証する」

E社「指紋認証する」

ここで重要なのは、システムの具体的な「仕様」ではなく、システムに対する「要求」を提示している点です。RFPに具体的な「仕様」を指定することもできますが、それ以外の選択肢を捨てることになります。ベンダーから多様な提案を受けるためには、ある程度の「抽象さ」が必要ということです。

システムの仕様（手段）はベンダーの専門領域です。目的と要求をベンダーに伝え「実現手段はお任せします」とベンダーに伝えた方が、最新の技術やトレンド、そのベンダーの強みが盛り込まれた提案を受けることができます。

一方で「仕様」を明記した方がいいケースもあります。外部システム連携や取引先との取り決めなど「変更不可なもの」または業務上の強い「こだわり」については「仕様」として具体的に指定することが有効です。

予算を明記するかは迷うところ

RFPで事前に決めておきたいのは、「予算を明記するかどうか」です。どちらも一長一短で、どちらか一方が正解ではありません。

予算が決まっていて、上限を1円も超えられない場合、予算を提示することは有効です。予算を提示することで、ベンダーは予算範囲内で精いっぱいの提案をしてきます。予算オーバーするベンダーは辞退するため、無駄な提案を受けることはなくなります。

ただし予算を明記すると、必ずどのベンダーも予算ギリギリの提案を出してきます。例えば、あるプロジェクトでは5000万円のシステム予算と明記したところ、RFPを送った5社がいずれも4000万円後半で提案してきました。

一方、適切な市場価格を得るという意味では、予算を提示しないことも有効です。競争原理が働き、ベンダーも価格を下げる努力をしてきます。ただし、超大手ベンダーは平然と他社の2倍以上の金額を提示してくるため、声をかけるベンダーに偏りがないよう注意が必要です。

RFPで予算を明記せず、ベンダーとの打ち合わせ時に口頭で伝えることもできます。ある程度の相場観をつかんだなら「高すぎるからもう少し抑えて」「もう少し出せる」など口頭で希望額に誘導する、というテクニックもあります。

予算を明記するかどうかは、社内で事前に確認しておきます。

事前に要求していることが大事

ベンダーと揉める一番の要因は何でしょうか？

それは「プロジェクトの途中で要求を追加する」ことです。ベンダーにとってみれば、計画変更を余儀なくされ、費用やスケジュール、要員計画に大きなインパクトがあります。ベンダーが拒絶反応を示すのは、当然と言えます。

ベンダーとの調整は、事前に要求しているかどうかが非常に重要です。多少の無理難題を言っても、RFPでは受け入れてくれます。要求の粒度や実現性は気にせず、自社としての要求は全てRFPに盛り込むべきです。その上でベンダーから提案を受けたときに調整すれば、揉めることもなくスムーズに交渉ができます。

特に見落としがちなのが「性能要求」です。

あるプロジェクトでは、受入テストで「画面を開くのに10秒かかる」ことが判明しました。その画面はコールセンターで使うため、即時性が求められています。当然ながらユーザーは怒り出し、ベンダーに即時改善を求めました。一方、ベンダーは「仕様通り」を強調し、追加費用を求めてきました。議論は1週間に及びましたが、結局は追加費用を支払うことになります。

あらかじめRFPに「コールセンターの画面表示は3秒以内とする」と1行書いておけば済む話でした。

ベンダー調整のコツは、事前に要求しておくということです。

RULE 26 RFP別紙で自社の業務内容を柔軟に伝える

RFP別紙は寄せ集める

「参考になる資料がもともとあるから、それを渡せないかな？」

と思うのは当然です。RFP本編のフォーマットに変換するには手間がかかりますし、無理やり追加するとわかりにくくなってしまいます。

そこで効果的な方法が「RFP別紙」です。

既存の資料に対して、RFP別紙の表紙だけつけてそのまま添付すれば完成です。この方法であれば、手間もかからず無制限に追加できます。

別紙扱いなので、本編のフォーマット制約から解放されます。PowerPointやExcelといったファイル形式も自由に使うことができます。ページ数についても、特に気にする必要はありません。

RFP別紙は、企画書や業務マニュアル、現行のシステム設計書など「すでにある資料」から必要な部分を切り出し、積極的に流用していきます。

図21 RFPの構成イメージ

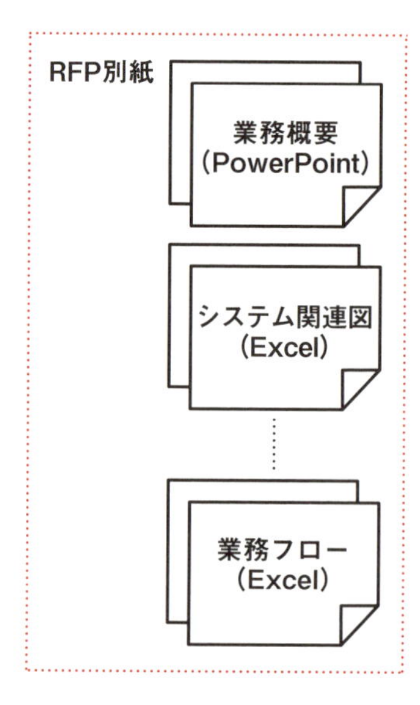

図22 RFP別紙の項目解説

RFP別紙項目	区分	解説
業務概要	現行	業務概要はRFP本編に記載欄がありますが、そこでは簡潔な記載に留めます。本編には「別紙1.業務概要をご覧ください」などを記載し関連付けを行います。
要求機能一覧	新	企画書で作成した資料をそのまま添付します。ヘッダーを変えるぐらいでほぼ無加工で問題ありません。「要求機能一覧」はベンダー見積もりの元となる最も重要な資料です。
システム関連図(As-Is)	現行	ベンダーはまず、視覚情報である「現行システム関連図」からイメージを膨らませます。特にシステム連携については、仕様を考える上でも見積もりを行う上でも、大きく影響が出ます。ベンダーと会話をする上では、この資料は外せません。
システム関連図(To-Be)	新	システム導入後のシステム関連図を示します。システム導入範囲(スコープ)を視覚的に表す資料としても有効です。
業務イベント	現行	社内では当たり前の業務イベント(業務スケジュール)も、ベンダーにとっては全く知らない情報です。運用マニュアル等に記載があれば、流用できます。
業務フロー	現行	ベンダーに業務イメージを伝える上では非常に有効な資料です。また社内においても、当事者以外は知らない人も多く、社内で認識共有する上でも役に立ちます。
現行システム出力一覧	現行	現行の設計書をそのまま添付します。出力画面や出力帳票は見積もりに直結する情報となります。「システム出力一覧」以外にも連携した方がよい設計書があれば「必要な人だけ読んで」というスタンスで積極的に追加します。

RULE

27 業務フローで自社の説明責任を果たす

ユーザー受入テストがなぜうまくいかないのか

「リリースは無期延期！　ベンダーさんはウチの業務をもっと勉強して下さい」

プロジェクトオーナーが､ベンダーに発した言葉です。このプロジェクトは､終盤のユーザー受入テストで不具合が多発しました。各設計書のレビューは問題なく終わり、ベンダー側のテストまでは順調に進んでいました。

いざユーザーがテストを行ってみると「業務の流れに沿っていない」「このパターンが操作できない」「想定していた動きと全然違う」という状況になります。

ベンダーに確認したところ「えっ！？　この処理をする前にその操作をすることがあるんですか？」「そのような流れは想定にありませんでした」とのこと。

設計時に各画面や機能は確認しているにもかかわらず、どうしてこのような状況になってしまったのでしょうか？

業務フローの欠如は考慮漏れに繋がる

自社の業務を記載した資料と言えば、会社のパンフレットやホームページ、現場の運用マニュアル､引き継ぎ資料､システムの設計書などいろいろあります。それらの中で、ベンダーが最も理解しやすい資料は何でしょうか？

それは「業務フロー」です。

業務フローとは、業務の流れを時系列かつ部署ごとに表現することができます。長い文章で詳しく説明するよりも、図をパッとみただけで業務の流れが頭に入ってきます。この「視覚的な表現」が重要です。業務フローは、ベンダーの業務理解には欠かせない資料と言えます。

ところが、多くの現場でこの業務フローが存在しません。それもシステムが導入されていて、資料が整備されているはずの現場です。なぜこのようなことが起こるのでしょうか？

それは、設計書さえあればシステムは作れてしまうからです。ベンダーも忙しいため、わざわざ業務フローを作成し、業務理解を深めている余裕はありません。

しかし業務フローの有無で、ベンダーの業務理解度は如実に変わります。業務の流れを理解せずにシステムを構築すると、ユーザーの受入テスト時に「考慮漏れ」として障害が発生します。

冒頭の事例は、ベンダーの業務理解が明らかに不足していました。理解が断片的であり、流れをイメージできていなかったのです。各パーツは立派なのですが、それを結合したとたんに破たんしました。

一番シンプルなノーマルパターンこそ動きましたが、「取り消し処理」や「追加入力」「例外操作」など業務上で発生するイレギュラー対応を行うと、一切動かない（あるいは動かせない）仕様になっていました。つまり、ベンダー側が勝手にイメージした通りにしか動かないシステムになっていたのです。

そして、そのプロジェクトには業務フローが存在しませんでした。

ベンダーに責任を問う前に自社の責任を考える

実は多くの現場で、ベンダーの「業務の考慮漏れ」による問題は発生しています。そしてプロジェクトがうまくいかないのは、ベンダーの責任として結論づけられます。しかし、本当にベンダーだけの責任なのでしょうか？

自社の業務をわかりやすく伝えるのは、自社の責任です。当然ですが、自社の業務は自社の人間しか知りません。誰かが教えてあげないことには、ベンダーは知ることすらできません。「ベンダーが業務を知らない」というのは、言い換えると「ベンダーに業務を伝えていない」ということです。

誤解のないように補足すると「ベンダーに手取り足取り情報を提示すべき」「お膳立てすべき」という意味ではありません。全て自社で資料を作成する必要はなく、ベンダーと分担を決めればいいことです。問題は「必要十分な情報をベンダーに渡しているか」ということです。

そのわかりやすい例が「業務フロー」なのです。業務フローが存在しないということは、自社の業務をきちんとベンダーに伝えていない証拠とも言えます。

システムと業務はセットです。ベンダーの業務理解なくして、良いシステムが作られることはありません。ベンダーの責任にするのは簡単ですが、その考え方ではベンダーが変わっても同じことを繰り返します。

「ベンダーに自社の業務をきちんと伝えているか」

ベンダーに対して熱くなる前に、自社に対して問いかける言葉です。

RULE
28 業務フローは自社で整理する

業務フローは誰が作成するのか

「業務フローはベンダーが作ってくれるんですよね？」

現場でよく受ける質問です。いろいろな現場を見てきましたが、自社で作る、ベンダーが作る、コンサルタントが作る、いずれのケースも存在します。どれが正解というわけではありませんが、筆者はいつもこう答えています。

「自社で作成しましょう！」

なぜなら、自社で業務フローを整理できないようでは、その後の要件定義や設計がおぼつかないからです。自社として「現状の業務フロー」を正しく理解し「あるべき業務フロー」が明確になって、初めてシステム化の話ができます。

その芯となる業務フローを自社が把握できていないなら、森を見ずに木だけを作っていくようなものです。後で整合性が取れなくなるのは明白です。

自社で業務フローを議論することで、自社メンバーの業務理解も深まります。現状を深く理解することで、未来のあるべき業務イメージも明確になっていきます。自社の業務理解が深まり、あるべき姿が検討でき、さらに費用もかからない、もはやメリットしかありません。

業務フローは段階的に掘り下げる

業務フローを作成するときにいつも悩ましいのが

「どこまで詳細化していくのか？」

という点です。全体の流れだけを書くと詳細を表現できず、詳細に書きすぎると全体を俯瞰できなくなります。

対象業務の規模によって異なりますが、一般的には「全体フロー」「個別フロー」「個別詳細フロー」など2つまたは3つのレベルに分けます。

ここで重要なのは「全体フロー」は必ず1枚でまとめることです。例えば、「受注→出荷→売上→請求→入金」を1枚で表現します。それらを個別フローとして「受注」で1枚、「出荷」で1枚という形で詳細化していきます。

図23 業務フロー（全体レベル）

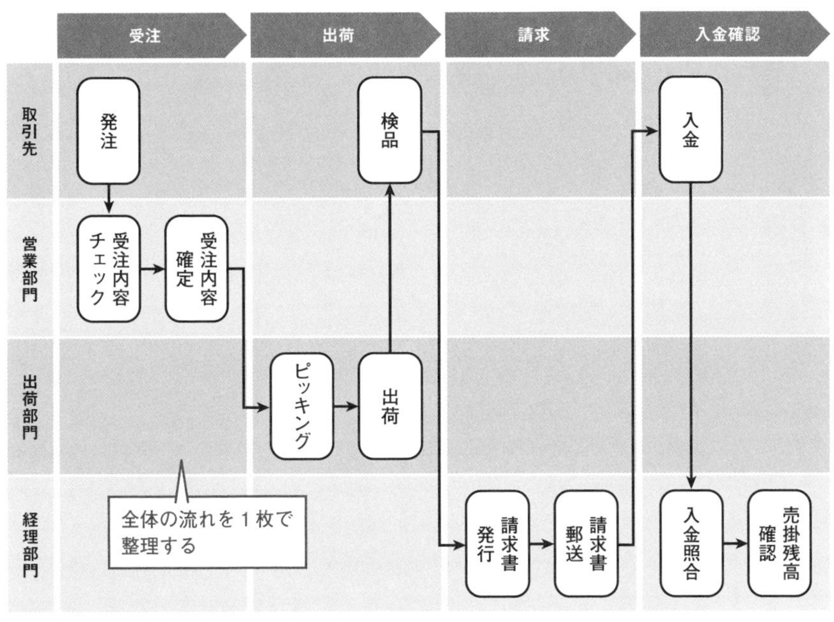

図24 業務フロー（個別レベル）

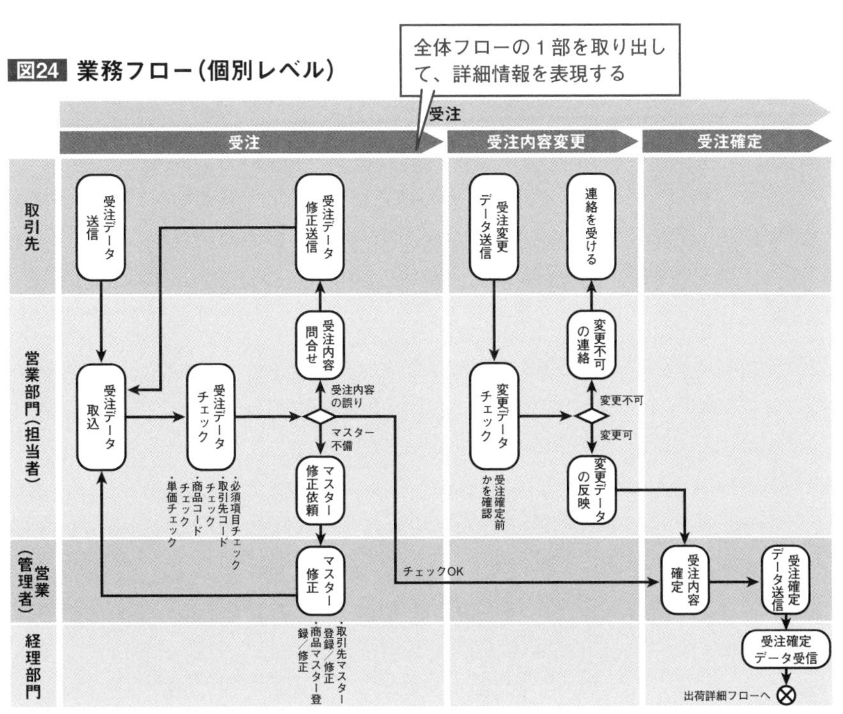

RULE 29 業務イベント図で業務をシンプルに表す

業務フローの前段となる

ベンダーに業務を理解してもらうには「業務フロー」を理解してもらう必要があります。ただいきなり「業務フロー」を見せられて、理解が追いつかなくなる人も少なくありません。その場合は、業務をより簡素化した表現として「業務イベント図」を作成することが有効です。

業務イベント図は、時間軸に特化した図です。業務フローは「プロセス（手続き）」を表しますが、業務イベント図は年次や月次で予定された「イベント」を表します。

図というより、「年間スケジュール」や「業務カレンダー」といった方がわかりやすいかもしれません。横軸に時間の流れを表し、縦軸に業務の種類や部門を表していきます。

RFP別紙の資料は、粒度の大きさで並べると次のようになります。

業務概要　＞　業務イベント図　＞　業務フロー

「業務フロー」と比べて「業務イベント図」は、情報量を抑えたシンプルな図となります。そのため、説明する際の「とっかかり」として有効です。

業務イベント図の作り方

業務イベント図は、業務マニュアルや運用マニュアルにスケジュールが記載されていれば、そのまま流用可能です。新規に作る場合でも、業務の予定を配置していくだけなので、すぐに作ることができます。

記載ポイントとして、イベントは導入するシステムに関わる業務だけにとどめます。あまりシステムと関係ないイベントを盛り込みすぎると、逆にベンダーが混乱するからです。

業務イベント図は、年次と月次に分かれます。月次は業務フローと重複する部分が多くなるため、作成しない場合もあります。

図25 業務イベント図（年次）

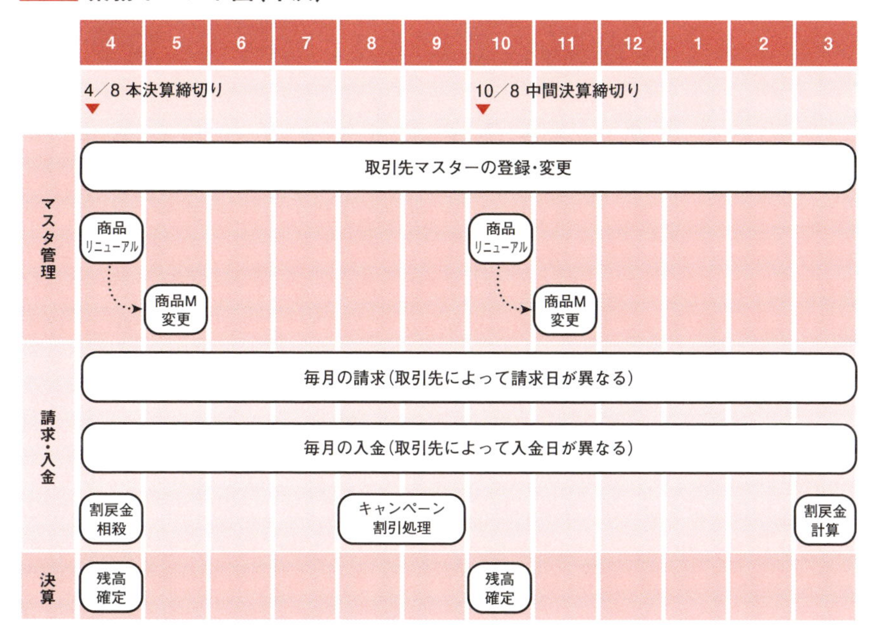

図26 業務イベント図（月次）

RULE

30 社内合意していないRFPは無意味

社内合意しなかったプロジェクトの末路

あるプロジェクトで、新システムの本番稼働に向けた報告を社長に行いました。プロジェクトオーナーである社長、プロジェクトマネージャーの部長、プロジェクトリーダーの課長、ベンダーの責任者、ベンダーのプロジェクトマネージャー等が出席する会議（ステアリングコミッティ）です。社長からいくつかの質問があり、部長がそれに答えた後でした。

「あれもできない、これもできない、そんなシステムに意味があるのか？」

「目的を履き違えている。一度プロジェクトは白紙にする！」

その場は凍りつきました。ベンダーは実績が豊富で、プロジェクトも前倒しで進めていました。受入テストでもバグはほとんど発生せず、システムの品質も申し分ない評価でした。ところが、最後にひっくり返りました。

これは「社内の問題」です。ベンダーがいくら優秀であっても、システムが立派であっても、社内合意がとれていなければ、全く意味がありません。このプロジェクトの分岐点はどこにあったのでしょうか？

社内合意していないRFPは無意味

社内合意を得る最も大きなタイミングは「ベンダーに声をかける前」です。自社としてのシステム要求をまとめたRFPを作成したタイミングです。

「ベンダーと詳細を詰めてから合意を取ればいい」

という考えは問題を大きくするだけです。ベンダーに声をかけた後、プロジェクトは多忙を極めます。ベンダーからいろいろな宿題を出され、データも準備し、打ち合わせも多く発生します。このような目の前の緊急事項に対応していくと、社内合意というタスクはどんどん後回しになり、手遅れとなっていきます。

社内合意していないRFPは意味がありません。RFPを作るためには、かなりの労力と時間がかかります。いろいろな関係者からも協力を受けます。それらが全て台無しになってしまうのです。

RFPは、経営層や他部署に合意を取りやすい資料と言えます。ベンダーという社外に対して、公式に発行する書類です。書類の位置づけも「ベンダーにシステム構築を依頼する」と明確です。

RFPのレビューは、多くの関係者に合意を得るチャンスです。関係者と思われる人には全て確認をとるスタンスで臨みます。

経営層には「システムの導入目的」「期待する効果」を今一度確認してもらいます。他部署や現場担当者には「業務フロー」や「機能一覧」等の具体的な部分を確認してもらいます。

RFPをレビューしていると、プロジェクトとして見落としていた観点や助言なども多く受けることができます。勘違いで進めていた部分も、当事者からブレーキをかけてもらえます。

指摘だけでなく「え？　そんな大変なことを毎月やっていたの？」「ここは絶対に解決したいよね！」と多くの共感を得ることもできます。レビューを通じて、プロジェクトの理解者が増えていきます。結果的に、全体最適化されたRFPが完成します。

レビューは必ず報われる

「関係者全員レビュー」というのは言うのは簡単ですが、実行は骨が折れます。「全員の都合が合わない」「こっちも時間を取れない」という状況になります。

一度に全員招集することにこだわらず、関係者をグルーピングして、数回に分けることも有効です。その場合、参加者に関連の強い部分に時間を割いて、確認できるメリットがあります。

また、何度も説明している人には「差分」だけ説明したり、関連性が薄い人にはメールで確認したりするなど、レビューをする側の負担も考慮します。

しつこいと言われるかもしれませんが、このタイミングを逃すと次はありません。念押しで確認する姿勢は、後で必ず報われます。

たとえ活発な意見交換がなかったとしても、レビューを実施した時点でその人も共同責任者になります。煙たがっていた人も、後半になって裏で根回ししてくれたり、助けてくれたりすることも意外に多くあります。何より、プロジェクト後半になって「聞いてない」という痛恨の一撃を聞かずにすみます。

やって無意味なレビューは決してありません。

1-4 ITベンダーは客観的かつ公正なプロセスで選ぶ

1-1 PJ立ち上げ	1-2 企画	1-3 RFP作成	1-4 ベンダー選定	1-5 契約

● ITベンダーの特色

ITベンダーとは、ITやシステムを開発・販売している業者のことです。インターネットで調べてみると、ITベンダーは実に多く存在することがわかります。ベンダーには、それぞれ特色があります。全国的にも有名で実績豊富な大手ベンダー、グローバルに展開している外資ベンダー、会社は小さいけど価格が非常に安いベンダー、特定の業種に特化したベンダーなど様々です。

新システムの検討においては、ベンダーには大きく2つに分かれます。

- ・オーダーメイドでシステムを構築（スクラッチ開発）するベンダー
- ・既製品のパッケージソフトを販売するベンダー

オーダーメイドで作成する場合は、ベンダー自体を評価していきますが、パッケージソフトの場合は、パッケージソフトの評価が中心となります。

● ベンダーを探すのは簡単？

多くのITベンダーの中から、自社に最適なベンダーを選んでいきます。言葉にすると簡単ですが、社運を賭けたプロジェクトだったらどうでしょうか？

ベンダーを選ぶことは、簡単なようで実はとても難しい作業です。

- ・候補ベンダーの洗い出しが十分か？
- ・選定プロセスは公正に進めたか？
- ・評価は客観的に行われたか？

これらをきちんとクリアしていく必要があります。そのためには、選定状況を関係者に「見える化」し、社内で納得性の高い選定を進めていくということです。

図27 ベンダー選定の流れ

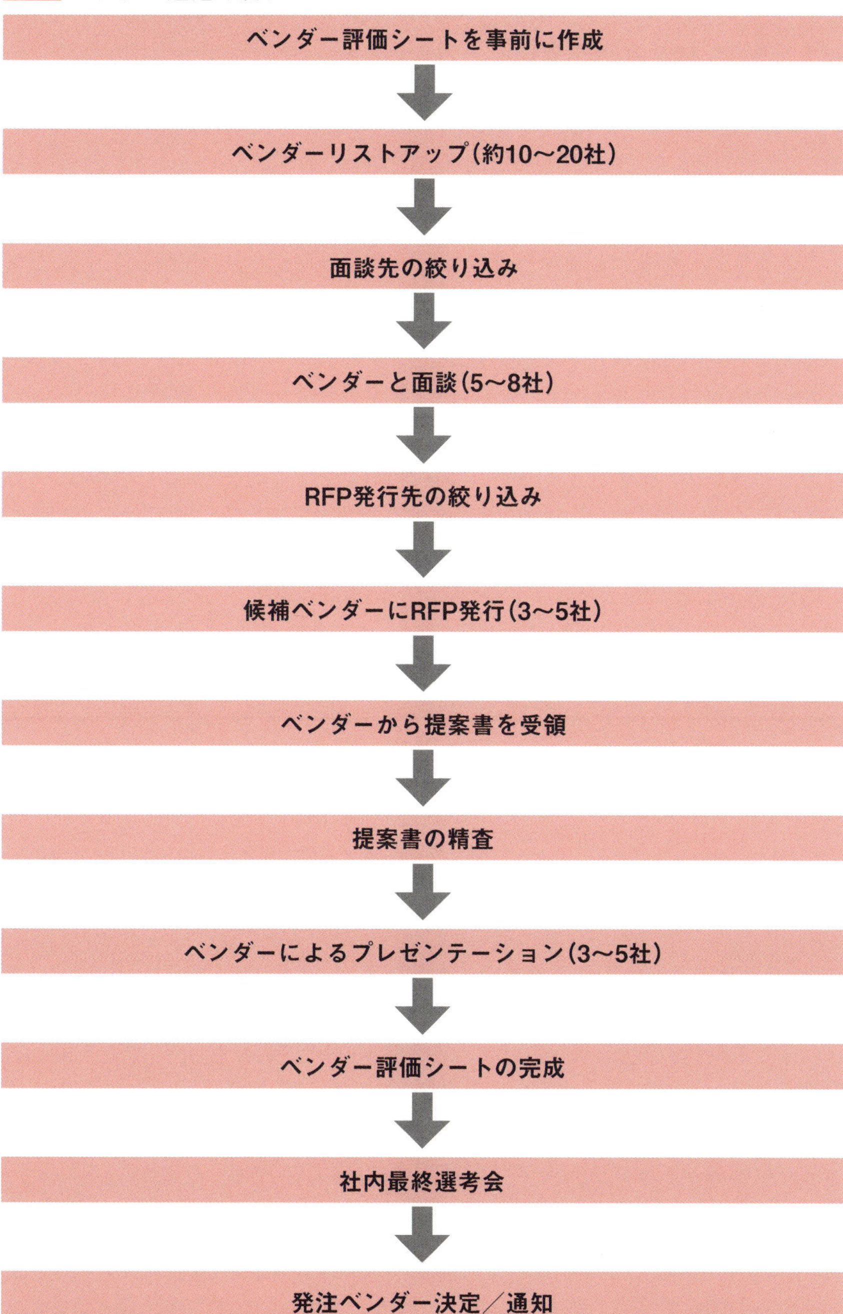

RULE 31 ITベンダーと会う前に評価基準を作っておく

手当たり次第ベンダーに声をかけるとどうなるか

どのプロジェクトでもそうですが、RFPが完成するころにはスケジュールにゆとりがなくなってきます。「パートナーになりそうなITベンダーに急いで声をかけよう」と焦る時期でもあります。

あるプロジェクトでは、スケジュールを挽回(ばんかい)すべくAさんは候補となりそうなベンダー15社に片っぱしから電話をかけました。Aさんはもともと営業出身のため、面識のない企業へのアポイントは得意でした。次々に面談を設定し、1日3社のペースで次々と説明を受けました。

ところが、多くのベンダーとの打ち合わせで次のような反応があります。

「残念ながらその機能はウチでは対応していません」

「我々の得意分野と違う気がするのですが……」

「ウチのホームページをご覧になられましたか？」

Aさんに呼ばれて毎回付き合わされた関連部署の方々も「我々も暇じゃないんだ」と途中から出席をボイコットするようになりました。プロジェクトチームを結成したばかりなのに、チームには不穏な空気が流れ始めました。

手当たり次第の代償は大きい

ベンダー選定で一番やってはいけないことは何でしょうか？　それは

「的外れなベンダーに声をかけてしまう」

ということです。

採用する可能性が全くないベンダーと打ち合わせをすることは、お互い時間の無駄です。ベンダーにとっても自社にとっても、不毛な時間を過ごすことになります。打ち合わせの途中で「可能性がない」ということに気づくと、場はしらけます。話は盛り上がることなく、気まずいまま終わるだけです。

ベンダー側が「可能性がない」ということに気づき、1回の面談で終わるのであればまだマシです。大抵のベンダーはこちらで候補から外したにもかかわらず、面談後も執拗(しつよう)にアプローチしてきます。電話やメールで積極的に改善案を訴えかけ、最終候補に残ろうとします。最終候補の数が多くなると、ベンダー提案のプレゼンが増え、社内での評価・審査にも多くの時間がかかることになります。結果として、大幅な遅延を生み出してしまうのです。

また、そのようなベンダーとの打ち合わせをセッティングしていると、関連部署からの不信感も増幅されていきます。一度協力を拒まれると、その後の関係修復にも時間がかかり、プロジェクトとしては大きな痛手となります。

ベンダーを探すには、ある程度の基準が必要です。「ゆずれない機能」「価格の安さ」「短い納期」「同じ事業での実績」など等、そのプロジェクトでの基準があるはずです。その基準を外れたベンダーをひたすら10社、20社とリストアップし「数撃ちゃ当たる」で次々と打ち合わせを行っていくとどうなるか……ということです。

ベンダーと会う前に評価基準を作る

ベンダーと一通り面談が済んだ後に、ベンダー評価シートを作成したらどうなるのでしょうか？　高い確率で、事前に作った評価シートとは別モノが出来上がってしまいます。なぜなら「自分たちが気に入ったベンダーが正しいことを裏づけする資料」を作ってしまうからです。そこに客観性はありません。

RFP作成後のベンダー選定フェーズにおいて、まずはベンダーに会う「前に」評価基準を作ります。「後で」作るのは意味がありません。

ベンダーに会う前に評価基準を作成することで、適切なベンダーに自然と声をかけるようになります。評価基準もぶれないため、ベンダーの表面的な営業トークに惑わされることもありません。自社の評価基準に基づき、最適なベンダーを客観的に選ぶことができます。

数万円のちょっとしたツールを購入するならまだしも、数千万円以上もするシステムを場当たり的に選んで良いわけがありません。慎重に手順を踏むのは当然のことです。

「3社とも甲乙つけがたく、どのシステムを選んでもうまくいきそう」
という状態にもっていければ理想です。ハイレベルな選択肢の中から最高のパートナーを選ぶ、そのためには「事前準備」が大事ということです。

RULE 32 選定方針に従い ベンダー評価シートを作成する

ひな型から効率よく作成する

ベンダー評価シートは、右図のようなイメージになります。縦軸に評価項目、横軸にベンダーを列挙したマトリックス形式で作成します。ベンダーごとに各項目を採点し、合計スコアが最も高いベンダーが「最も評価の高いベンダー」となります。作成段階では、スコア部分は空欄で作成します。

評価項目は「業務要求」「費用」「スケジュール」「実績」「その他」の5つに分類します。「業務要求」はRFPで準備した「要求機能一覧」をそのままコピーすれば使えます。「費用」「スケジュール」「実績」「その他」は固定項目が多く、一度作ってしまえば、別プロジェクトでもそのまま使うことができます。

「ウェイト」とは、各評価項目への重みづけです。「評価ポイント×ウェイト」が各ベンダーの「スコア」となります（エクセルの計算式に組み込みます）。

ウェイトは社内で方針を確認し、例えば以下のように設定します。

「現行業務の適合性を重視する！」⇒業務要求のウェイト高

「予算が少ないので、安く調達すること！」⇒費用のウェイト高

「法改正までの納期が絶対条件！」⇒スケジュールのウェイト高

重視する項目のウェイトを高く設定することで、自社要求に対するスコアの精度が高くなります。ウェイトは全体を100として、5つの分類に割り当てるようにします。それらをさらに詳細な各評価項目に配分します。

図28 重視別のウェイトパターン参考例

	バランス重視	業務重視	費用重視	納期重視
業務要求	40	50	20	20
費用	20	20	50	10
スケジュール	10	10	10	50
実績	10	10	10	10
その他	20	10	10	10
合計	100	100	100	100

要求機能一覧から
そのまま持ってくる

ウェイトの合計は 100 とし、配分
比率 はプロジェクト方針に従う

図 29　ベンダー評価シートイメージ

分類	評価項目	ウェイト	A 社	B 社	C 社
業務要求	請求書 50 フォーマットに対応	10	3	2	1
			30	20	10
	10 種類の経費を自動計算する	10	3	1	2
			30	10	20
	スマホで営業日報を送信	5	1	1	3
			5	5	15
	取引先マスタ登録時に重複チェックする	3	3	2	1
			9	6	3
	〜				
費用	イニシャルコスト	10	1	2	3
			10	20	30
	ランニングコスト	10	1	3	2
			10	30	20
スケジュール	短期間で導入できるか	5	3	2	3
			15	10	15
	発注後にすぐ着手できるか	5	3	2	3
			15	10	15
実績	同業種の実績	3	3	2	1
			9	6	3
	3000 名以上企業の導入実績	4	3	2	1
			12	8	4
	ノンカスタマイズの導入実績	3	3	2	1
			9	6	3
その他	365 日 24 時間運用が可能か	5	2	2	1
			10	10	5
	その他付加価値があるか	5	3	2	1
			15	10	5
	〜				
		合計スコア	179	151	148

下段は
評価ポイント×ウェイト

※ベンダー評価シートのサンプルは巻末をご覧ください

RULE 33 ベンダーの実績を軽視しない

規模に見合わないパッケージを選ぶとどうなるか

「あまりにも遅すぎて絶対に使えない！」

ユーザー受入テストでの出来事です。サンプルデータ20件程度では問題なく動きましたが、本番データを1000件投入した途端、性能問題が噴出しました。一般的に画面表示は3秒を超えるとストレスを感じるといわれますが、そのシステムは平均15秒かかりました。特定の検索画面では、画面が真っ白になり60秒後にタイムアウトが発生します。

ベンダーに早急な改善を求めたところ、次の回答がありました。

「他社ではこのような問題は出ておりません」

「御社の条件が複雑でデータも多いため仕方ありません」

「パッケージを大幅に修正するため時間がかかります」

そのベンダーを選んだ最大の理由は「安さ」にありました。他社と比べて圧倒的に価格が安く、機能も十分だと判断しました。

一方、小規模な企業への導入実績はあるものの、ある程度大きな規模の導入実績はありませんでした。自社の利用人数は、他社実績の10倍以上あるとのことでした。

プロジェクトは計画変更を余儀なくされ、全拠点導入を見送りとし、1拠点のみの先行導入に切り替えました。同時に裏で性能改善を行い、改善後に全拠点展開する計画です。ところが1年経っても大幅な改善は得られず、別のパッケージを選定し直すことに決定しました。

実績はリスクを抑える

実績があるということは、時間をかけてノウハウが蓄積されているとも言えます。ノウハウがあるということは、他社事例も多く知っています。そのベンダーに話を聞くということは、専門コンサルタントの意見を聞くようなものです。困ったときに相談ができて、的確な助言をもらうことができます。社内で考慮漏れがあっても、「このケースはどうしますか？」と気づかせてくれます。

何かトラブルがあった際にも、実績により雲泥の差が出てきます。多くのトラブル解決経験があれば、的確な対処を速やかに行ってもらえます。

では「実績」とは、何を基準に考えるべきでしょうか？

インターネットで検索すると「顧客満足度No1」や「導入実績No1」「圧倒的な導入事例」など惑わせるキーワードが満載です。正しい見方をしないと全て良く見えてしまいます。正しい見方とは一言で言えば、

「自社と同じような企業への導入実績が豊富かどうか」

ということです。つまり、自社と全く異なる企業への実績がいくら豊富でも意味がないと言えます。

この見方を2つに分解したものが「業界実績」と「規模実績」です。

「業界実績」とは、例えば「衣類メーカーにおける販売管理システム」とか「ホテル業界における勤怠管理システム」などです。より自社に近いシステムの実績があるほど、他社事例を踏まえた上での最適な提案を得ることができます。

「規模実績」とは、「システム利用人数が3000名以上の導入実績」「10000名以上の導入実績」などです。冒頭の例のように、同規模の実績がない場合は性能リスクが高くなります。いくら機能が充実していても、動きが遅ければ全て台無しです。この性能リスクを防ぐためには、規模実績を重視します。

これらをベンダー評価シートの項目に組み込み、正しく評価していきます。

実績にはある程度のウェイトを積む

なお、実績がないから無条件で外すというわけではありません。自社主導で設計を完璧に行い、リスクをコントロールできるのであれば「安く調達し機能を充実させる」ことも不可能ではありません。

ただし、ハードルは高いと言わざるを得ません。「安いが残念なベンダー」を何度となく見てきているからです。何度も何度もベンダーに説明し、自社でテストを繰り返し、ようやく使えるシステムに近づいていきます。「時間とお金をかけてベンダーを教育し、システムを育てる」という覚悟がないと失敗します。

もしそのシステムに失敗が許されないなら、リスクを抑えることを考えなければなりません。それは、ベンダー評価シートの「実績」のウェイトを高く設定するということです。

RULE 34 あらゆる手段を駆使して RFP発行先を見極める

良いベンダーを見つけるためには手段を選ばず

良いベンダーを探すためには何をすれば良いでしょうか？

インターネットが発達し、ベンダーを簡単に検索できるようになりました。ベンダーを紹介するサービス会社も出回っています。以前に比べると、各段に選択肢が増えました。

ベンダー調査には「コレをやれば間違いない！」といったものはありません。むしろあらゆる手段を駆使して、少しでも良いベンダーを見つける姿勢が重要です。インターネット、調査専門サービス、人からの紹介など、あらゆる手段を駆使して探していきます。

まずは、声をかけるかどうかは別として、ひたすらリストアップします。多くの選択肢を持つことで、良いベンダーと巡り合う可能性が広がるためです。あまり「ハズレ」などは意識せずに、数を重視します。

調査の中心はインターネット検索です。検索キーワードも何種類か組み合わせることで、異なる結果が得られます。それらの検索結果は、上位5件でとどめずに、最低20件ぐらいは目を通します。そこで気になったベンダーを対象に加えていきます。

一方、今まで取引のあったベンダーも有力な候補です。自社業務を知っているというアドバンテージがあるからです。また、知人の紹介も有効な手段です。情報システム部門だけでなく、他部署にも聞いてみます。幅広く聞くことで、意外な情報を得ることもあります。

計画的に絞る

ベンダーをリストアップしたら、その全てにRFPを発行するわけではありません。最初は幅広く探しますが、徐々に数を絞っていきます。最終的には3～5社が候補となるよう、以下手順で絞っていきます。

①ベンダーリストアップ（約10～20社）

②面談先の絞り込み（5～8社）
③ベンダーと面談（5～8社）
④ RFP 発行先の絞り込み（3～5社）
⑤ RFP の発行（3～5社）

最初の絞り込みは「②面談先の絞り込み」です。全てのベンダーに会ってみたい気持ちはわかります。しかし興味本位というだけで可能性ゼロのベンダーに声をかけるのは、先方に失礼です。

また「ベンダーに断りを入れる」という作業は、想像以上に負担がかかるものです。その断る先が多くなれば、自身の首を絞めるだけです。面談先は多く設定せずに、5～8社に絞っていきます。

次の絞り込みは「④ RFP 発行先の絞り込み」です。面談の結果を評価シートに記入し、その上位3～5社に RFP を発行します。発行先が多くなると、評価に時間と労力を奪われます。選定の判断も難しくなり、関係者は疲弊していきます。

関係者に「見える化」する

ベンダーを探すフェーズは情報が錯綜（さくそう）し、立て込みます。少しでも作業を減らしたい状況ですが、その中でも省略してはいけない作業があります。それは、選定状況を「関係者に見える化する」ということです。

選定状況を公表しないとどうなるでしょうか？

「なぜベンダーをもっと探さなかったのか？」

「○○社には声をかけなかったの？」

「そっちで勝手に決めたんでしょ？」

間違いなく否定的な感情を生み出します。ベンダーをリストアップし、徐々に数を絞っていく過程は、常に関係者と共有します。必ずしも会議形式にする必要はありません。グループウェアやメーリングリストの活用などで、手間をかけない工夫が効果的です。

常に「見える化」していると、関係者にも当事者意識が生まれます。今後のプロジェクトを円滑に進めるためにも「関係者への見える化」は強く意識しておく必要があります。

RULE 35 ベンダーの提案を主体的に検証する

面談とプレゼンは別モノ

ベンダーにRFPを発行したら、ベンダーのプレゼンテーション（以下プレゼン）を受けます。

「最初の面談で話を聞いたからもう十分なのでは？」
と考える人もいます。何度もベンダーと会うことは手間ですが、面談とプレゼンでは目的が全く異なります。

面談は、基本的に各ベンダーの自己紹介の場です。ベンダーは自分たちの魅力を、自分たちの得意な方法でアピールします。つまり、同じ土俵での勝負にはなりません。各ベンダーの概要や得意分野を知って、自社の要求に適合しそうかを確認します。

一方、プレゼンはRFPで要求した枠組みに沿って、ベンダーが提案をしてくる場です。各ベンダーが同じ土俵に上がり提案することで、自社は公平に評価することができます。

受け身ではなく攻める

ベンダーのプレゼンは、受け身で「聞く」だけでは意味がありません。「聞く」というよりは「検証」する作業です。自社の要求が満たされているかを1つずつ「検証」するという主体的な作業となります。以下にポイントを3つ挙げます。

①事前検証

効率的にプレゼンを受けるためには、事前にベンダーから提案資料を受領し確認することです。初見の資料は、そこに何が書かれてあるかを理解するだけで時間がかかります。本来はもっと突っ込んで質問したいところが、時間切れで確認できなくなってしまいます。事前に資料を読み込むことで、時間を有意義に使うことができます。

また、事前に提案資料と自社の要求をマッピングし、評価シートに仮記入しておくことは非常に有効です。記載のない要求事項があれば的確に指摘する等、要求に関わる内容を深く議論することができます。

②質問攻め

プレゼンでは些細(ささい)なことでも遠慮せずに聞く姿勢が重要です。例えば「Webブラウザは Internet Explorer、Google Chrome、Firefox のどれに対応しているか？」「XX ソフトのバージョン 3.x に対応しているのか？」「スマホ対応は、iPhone と Android の両方に対応しているのか？」「ガラケーは対応しているのか？」など突っ込んで聞きます。

特に対面で確認したいのが「導入実績」です。記載されてある実績に対して、「同じ業界か？」「同じ人数規模か？」「ウチの XX の要求が他社で事例があるか？」など細かく確認します。ベンダーは実績を都合よく加工しています。紙面に書かれていることを鵜呑(うの)みにするのではなく、具体的な実績を説明してもらいます。紙面ではウソをつけても、対面でのウソはトーンが落ちるのですぐにわかります。自社要求に近い導入実績は、有力な候補となります。

③全員参加

ベンダー選定に関わるメンバーは、原則全員参加となります。なかなか全員の日程調整は難しいと思いますが、粘り強く調整します。参加するのとしないのとでは、メンバーのその後の意識に大きな違いがでます。

プレゼンでは遠慮しない

RFP を発行したら、もう遠慮はしないことです。ベンダーは営業チャンスをもらえます。自社は導入したら高い費用を払います。公平なビジネスの場です。RFP を発行したならば、ベンダーの提案を真摯に評価すること。それがベンダーへの礼の尽くし方と言えます。

ちなみに、営業担当者の印象がよくても、基本的には評価対象外とすべきです。営業担当者は契約後に顔も出さなくなり、次に会うのは「追加費用の交渉の場」ということが往々にしてあります。評価すべきは、実際にプロジェクトを推進するベンダー側のプロジェクトマネージャーの方です。

RULE 36 パッケージは「ノンカスタマイズ」を目指す

カスタマイズをどう捉えるか

その企業は、業務に対して強いこだわりを持っていました。10年以上続くその業務は、修正を重ねて「かゆいところに手が届く」システムに成長しました。

そのシステムもハードウェアの保守期限が切れるタイミングで、システムの入れ替えを検討します。パッケージベンダーを3社選び、話を聞いたところ、どのベンダーからも口を揃えて次のように言われました。

「御社の業務は特殊なので、カスタマイズで対応します」

どのベンダーもカスタマイズ金額はかなり高く、パッケージ本体価格を大きく上回ります。カスタマイズで高いお金を払うのか、さらに別のパッケージを探すか、はたまた高いお金でスクラッチ開発を行うのか、プロジェクトメンバーは大いに悩むのでした。

カスタマイズはデメリットだらけ

既製品であるパッケージシステムに対して、導入する企業に合わせてプログラム修正を行うことを「カスタマイズ」と呼びます。パッケージの世界では日常的に行われていますが、安易に受け入れて良いものではありません。カスタマイズには、以下のようなデメリットがあります。

①品質のデメリット

パッケージシステムの標準機能は、他社でも使われているため品質は高いと言えます。一方、カスタマイズ機能はその企業に特化した機能であり、表面的に追加したものです。パッケージ本体との整合性がうまく取れずに障害となるケースは多くあります。パッケージ障害の大半は、このカスタマイズ部分で発生します。

②費用のデメリット

カスタマイズ費用は一般的に割高であり、カスタマイズ箇所が多くなると、すぐにパッケージ本体の価格を上回ります。本体がいくら安くても、カスタマイズ費用が本体価格以上になるとしたら、何のために安いパッケージを選んだのかわからなくなります。

さらに、カスタマイズは年間保守費用も圧迫します。毎年の保守費用に、カスタマイズした分だけ費用が上乗せされるからです。

③保守性のデメリット

パッケージシステムは、定期的にバージョンアップが行われ機能が拡張されます。バージョンアップは、パッケージの標準機能に対して行われますが、カスタマイズ機能には行われません。

例えば、法改正やルール変更により、その業界の仕様が変わった場合、一般的に本体は無償でバージョンアップが行われます。しかしカスタマイズ部分は対象ではありません。自社で仕様を考え、受入テストを行い、なおかつ費用を支払う必要があります。

パッケージは運用を見直すチャンス

パッケージの評価については「ノンカスタマイズ」の導入実績を評価すべきです。カスタマイズなしで使っている企業が多ければ、そのパッケージは「業界標準の機能を備えている」と言えるからです。

一方で、そのようなパッケージと要求が合わないということは「要求が業界標準ではない」とも言えます。

冒頭の例について、自社を競争優位に導くものであれば、適合するパッケージを辛抱強く探すか、スクラッチ開発をすべきです。そうでなければ、パッケージに合わせて業務を標準化させる絶好の機会です。

業務は月日とともに、その現場に個別最適化され、複雑になっていきます。現場はそれが最も正しいやり方だと信じて疑いません。その複雑さが全社的には非効率となり、余計なコストがかかっていたとしてもです。

業務を客観的に見直すには、パッケージに業務を合わせることを検討していきます。最初は現場の猛反発を受けるかもしれませんが、業務がシンプルになり、業務改善に繋がるケースは決して珍しくありません。

現行業務が必ずしも正しいとは限りません。パッケージ導入は「自社の業務はどうあるべきか」を考える機会を与えてくれます。

RULE 37 「アップルtoアップル」で完成させる

評価シートはすぐに完成させる

各ベンダーのプレゼンが終われば、速やかにベンダー評価シートを完成させます。ベンダーは全身全霊をかけて提案しています。その結果をベンダーは首を長くして待ちます。少なくとも3日以内には結果を回答することが礼儀です。シート完成に1日、選定に2日ぐらいが目安となります。

「RFPに沿った提案だから、評価シートはすぐ完成でしょう？」

と考えたいところですが、残念ながら簡単にはいきません。各ベンダーの提案をきちんと比較するためには、各社を同じ条件に変換する必要があります。

アップルtoアップルにする

簡単な例を挙げると、保守費用について「A社は月額10万円」「B社は年額100万円」で提案があったとします。これはよく「アップルtoオレンジ」と比喩されます。意味としては、リンゴとオレンジで異なる条件で比較している（から意味がない）ことを指します。

これを同じ「年額」に揃えると、「A社は年額120万円」「B社は年額100万円」となります。これは「アップルtoアップル」と表現されます。同じ条件で比較をしているという意味です。

別の例を挙げれば、AWSなど海外のサービスは「年額XX $」など通貨が異なるため、「ドル→円」に変換が必要となることもあります。

もう少し複雑な例を挙げます。「自社でシステムを一括購入する」場合と「クラウドサービスを利用する」場合では「初期費用」と「保守費用」の考え方が根本的に異なります。

一括購入であれば、初期費用が大きく、保守費用が小さくなります。逆にクラウドサービスは、初期費用がほぼゼロで、保守費用（年額使用料）のみかかります。これを「アップルtoアップル」にするためには

「初期費用と保守費用を含めて長い目で見たらどっちが得か？」

という考え方で比較します。項目自体を例えば「導入から5年間のトータル費用」

に変えることで強制的に同じ土俵にします。

この費用は、各社によって項目名称が異なります。パッケージ導入で言えば、以下のような名称が使われます。それらを同じような意味合いでグルーピングすると、次の通りです。

図30 パッケージ導入費用の名称グルーピング

初期費用	導入サポート費用、コンサルティング費用、ソリューション費用
	移行支援費用、運用支援費用
	サーバー費用、ソフトウェア費用、アプリケーション費用、システム一式費用
	システム基本費用、パッケージ費用、カスタマイズ費用、システム開発費用、システムテスト費用、システム改修費用
保守費用	ライセンス費用、年間使用料
	年間保守費用、カスタマイズ保守費用、保守差額費用

これらの費用も、同列で並べることで比較が可能となります。その上で「初期費用」と「保守費用」に分類し、「保守費用」は5年間のトータルとして金額を算出していきます。

客観性を保つ

費用以外にも、要求機能や実績について各ベンダーは言い回しが異なってきます。全て同列に並べることは難しいかもしれません。それでも「アップル to アップル」に近づける努力は欠かせません。

「アップル to アップル」にすることで、人の好みや主観が入りにくくなります。同列な条件で評価することで、初めてベンダー評価シートは完成となります。

誰が見ても平等な評価シートは、最後のベンダー決定をスムーズに推し進めてくれます。

RULE 38 選定会議で会社としての結論を出す

選定はすんなり決まるとは限らない

「それでは多数決を採ります」

ベンダー選定会議にて、最後に多数決を採りました。A社の挙手が3名、B社は0名、C社は3名でした。A社とC社で完全に意見が割れています。その後、A社が良いとする主張とC社が良いとする主張、それぞれが一歩も引かずに場は膠着(こうちゃく)しました。

プロジェクトマネージャーのSさんは、プロジェクトの運命を左右する重要局面に判決を下すことができません。結局、この打ち合わせでは決まらず、選定は先延ばしとなりました。

全員が同じベンダーを推すなら、問題はありません。しかし、甲乙つけがたい2社で評価が割れるようなケースも珍しくありません。実はSさん、この選定会議に向けて何も準備していませんでした。「メンバー全員を集めて話し合えば何とかなる」と考えていました。

ファシリテーションは準備から始まる

ベンダー評価シートが完成したら、ベンダー選定会議を開きます。各ベンダーのプレゼンを聞いた後に速やかに実施します。

1社がずばぬけて評価が高いのであれば、単なる儀式となるので心配はいりません。そうでない場合は、きちんとした準備が不可欠です。

意見が割れた場合に、強引に多数決だけで決めた場合を考えてみます。少数派の人は、周りの空気を読んで引きさがります。不満があっても発言にはせずに飲み込みます。その人は、しこりを抱えたままプロジェクトと距離を置くことになります。プロジェクトとしては大変痛手です。そしてプロジェクトが失敗したとたん「ほらみろ！　俺は最初から反対だったんだ！」と反旗を翻します。

このような難しい会議では、ファシリテーション（会議進行）が重要になってきます。平等に参加者の意見を吸い上げ、納得感の高い結論に誘導します。そのためには、ファシリテーター（進行役）が次のように適切な準備と進行を行う必要があります。

①アジェンダ（会議の議題、進行予定）を準備する

ベンダー選定会議は、特定機能で話が盛り上がるなど話が発散しがちです。進行をコントロールするために、アジェンダは欠かせません。構成としてはおおよそ「会議の目的」「評価項目の読み合せ」「総合評価のコメント発表（各自）」「選定」となります。

②プロジェクトメンバーを全員参加させる

プロジェクトメンバーは全員参加です。プロジェクトオーナーも参加してもらいます。オーナーが多忙で出席できない場合は、必ず後で承認をとります。「会社の結論」とするためのプロセスです。

③各評価項目を読み合わせする

会議進行では、ベンダー評価シートの主要な部分を読み合わせしていきます。意見が割れそうな項目は、参加メンバーにコメントを求め、評価を1つずつ確定させていきます。

④影響力の強い人を後回しにする

最後にひとりずつコメントを求め、思いを全て吐き出してもらいます。このとき、影響力の強い人は後回しにします。部長が「A社がいい」と言った後に、若手の担当者が「いやB社だ」とは言えません。当然、プロジェクトオーナーは最後です。意見が割れたときこそ、最後はオーナーの決断が必要です。

選定の記録を残す

プロジェクト後半で、追加メンバーが「どうしてこのベンダーを選んだのか？」と疑問に感じるシーンが出てきます。また、プロジェクトが問題になったときは「誰がこのベンダーを選んだんだ」と言われます。

そのため後から選定経緯が確認できるよう、記録は全て残しておきます。記録とは、主に「ベンダー評価シート」と「選定会議の議事録」です。ベンダー評価シートは、最終評価を反映後に保管しておきます。

ベンダー選定プロセスにおける「見える化」の最終工程となります。

1-5 ITベンダーとの契約書でトラブルを未然に防ぐ

1-1 PJ立ち上げ → 1-2 企画 → 1-3 RFP作成 → 1-4 ベンダー選定 → 1-5 契約

契約はなぜ重要か

発注するベンダーが決まったら、契約手続きに入ります。

契約とは、発注するITベンダーと法的拘束力を持つ約束を交わすことです。

新システムの規模が大きくなればなるほど、ベンダーと調整すべき課題が増えてきます。課題がトラブルに発展すると

「あのときこう言った」「いや言ってない」

と水掛け論になります。

そのようなとき、契約内容として明記されていれば揉めることはありません。

ベンダーと良好な関係を築く第一歩が、この契約となります。

ベンダーが作った契約書は大丈夫？

契約を締結する前に、内容をしっかりと確認します。特にRFPで指定した条件が盛り込まれているかは、必ず確認しておきます。

契約書は自社とベンダーのどちらが作ってもよく、決まりはありません。しかし、ベンダーが作成してきた契約書は、ベンダーにとって都合の悪い条項がまるまる削除されているケースがあります。記載内容の誤りはすぐに気づきますが、条項が削除されている場合はなかなか気づきません。

そのため、原則として契約書は自社で用意し、自社が要求したい条項を全て盛り込んでおきます。その契約書でベンダーと手続きを進めることで、漏れを見落とす心配はなくなります。

図31 契約書の関係図

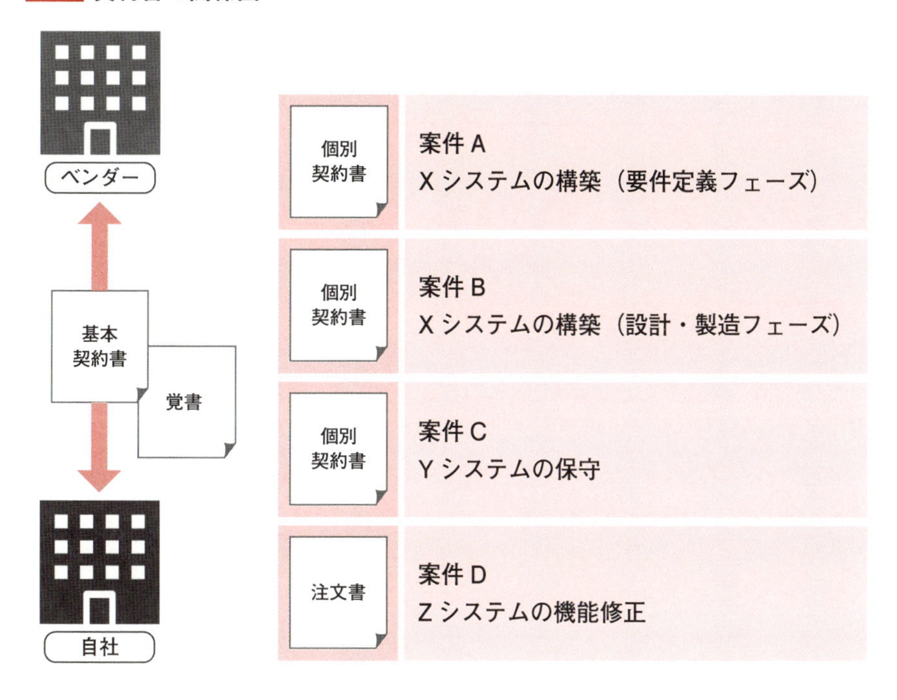

基本契約書	そのベンダーと複数の取引があったとしても、共通の約束事として定義したもの。
個別契約書	個々に発注する案件ごとに個別の約束事を定義したもの。
覚書	契約締結後に契約書本体を修正せずに、契約内容の補足や修正を行い合意するための文書。
注文書	小規模な修正などで、個別契約書の作成を省略し、スピーディに契約するための文書。

RULE

39 著作権は必ず自社に帰属させる

基本契約書がないまま取引を進めるとどうなるか

あるシステムでは、本番稼働後に障害が多発していました。現場からはクレームが殺到しており、ベンダーに何度も改善を要求します。ところが、ベンダーは目の前の障害に対してもマイペースを貫き、ベンダー都合で日程が先延ばしになることも多くありました。明らかなバグであっても「仕様変更」扱いとなり、平然と追加費用を要求してきます。

そのシステムはスクラッチ開発しており、独自性の高い業務を全てオーダーメイドで作りました。細かい機能追加を重ね、業務ノウハウが凝縮されています。

「このシステムは捨てられない、でもベンダーは変えたい」という状況でした。

試しに別のベンダーに見積もりを取ってみると、今よりはるかに安い金額でした。サービスレベルも、今と比べ物にならないぐらい良い内容です。

この結果を受けて、今の保守契約を更新しない決断をしました。

ところが、現行ベンダーに打ち切りを伝えたところ、次の回答があります。

「著作権はウチにあるので、システムは最初から作り直してください」

慌てて契約書を確認してみると「基本契約書」自体が存在しませんでした。「個別契約書」だけがあり、そこには著作権の記載はなかったのです。

結局、そのベンダーは自分たちの著作権を主張し、ゆずりませんでした。ユーザー企業は、自分たちのノウハウが詰まったシステムを捨てることもできません。「ベンダーチェンジ」を諦め、しぶしぶ保守契約を延長したのです。恐ろしいことにその後の契約は5年も続いており、今も高い保守料金を払い続けています。

スクラッチ開発の著作権は絶対に渡してはいけない

まず、著作権を契約上に明記しなかった場合、どうなるのでしょうか？

「原則として作成したベンダーに帰属する」となります。

自社のノウハウが詰まったシステムを長きにわたり「成長」させて行きたいと考えるのは当然のことです。しかし、著作権を持つベンダーしか、そのシステムを修正できなくなります。つまり「ベンダーチェンジ」ができません。

ベンダーはそれを理解した上で、足元を見た交渉が可能となります。高値を吹っかけられても「嫌なら今のシステムを捨てて他社さんに乗り換えて下さい」と言われれば、抵抗する術がありません。

つまり、保守フェーズの主導権を完全にベンダーに握られてしまうのです。

また、仮にそのベンダーが倒産してしまった場合「誰もそのシステムを修正することができなくなる」リスクもあります。

基本的に、スクラッチ開発したシステムであれば必ず「著作権は自社に帰属させる」という一文を入れる必要があります。特にノウハウの塊である業務システムであれば、何と引き換えにしてでも盛り込むべきです。

RFPに「自社に帰属させる」と前提を記載しているにも関わらず、平然と「ベンダー側に帰属する」と契約書に盛り込んでくるベンダーもいます。契約を取り交わす際には、細心の注意を払って確認するようにします。

なお、著作権とは別に「著作者人格権は行使しない」という一文もセットで盛り込んでおきます。この一文を入れておかないと、作った本人以外が勝手に修正できなくなるためです。

パッケージも無関係ではない

では、パッケージソフトの場合を考えてみます。

ベンダーは、自分たちが自己負担で開発したパッケージを販売しているため、「パッケージ本体」の著作権はベンダーに帰属して当然と言えます。

問題は「カスタマイズ」の部分です。カスタマイズ機能は、自社の独自性を盛り込み、さらにベンダーに追加費用も払っています。そのカスタマイズ部分の著作権をベンダーが持つとどうなるでしょうか？

ベンダーは、パッケージにその機能を追加し、販売することができます。競合他社は労せずその機能を使うことができ、独自性も容易く流出してしまいます。

カスタマイズ部分の著作権は、必ず「自社に帰属させる」という一文を盛り込みます。もし、ベンダーが「パッケージ本体」に追加したいというなら、カスタマイズ費用はベンダー負担とするよう交渉すべきです。

自社負担でシステム開発する部分について「自社が著作権を持つ」というのはビジネスとして当然の要求と言えます。

瑕疵担保責任期間は1年を基準とする

ロジック不備は後から発覚する

「いただいた請求書の金額が少ない気がしますが大丈夫ですか？」

新システムを稼働させて8か月後、取引先から問い合わせがありました。

慌てて調べてみると「入金消込機能」の不具合でした。特定のイレギュラーケースにおいて実際よりも多くの伝票が回収済みとなっており、請求額の計算に誤りが生じていたのです。

すぐに影響範囲を確認したところ、8か月で延べ32件発生していました。それぞれの伝票は少額でしたが、合計するとかなりの金額になります。取引先側からすれば支払う額が少なくなるので「少し値引きされた」程度にしか感じていなかったそうです。

システムの担当者は、ベンダーに連絡を入れました。緊急の修正を依頼したところ、次の回答があります。

「すぐに体制が組めないため、少し待ってください。また対応の費用について先に相談させてください。」

担当者は感情的になり、緊急修正と無償対応をさらに強く要求しました。

「瑕疵担保責任期間を過ぎています。今さら言われてもこちらも困ります」

契約書をすぐに確認したところ、瑕疵担保責任期間は6か月となっており、確かに過ぎていました。担当者は、緊急対応を優先とし、すぐに体制を組むための割り増し費用を払うことになります。

さらに取引先への再請求もできずに、金銭的な損失も発生しました。ベンダーへの損害賠償請求も確認しましたが、同じく6か月で期限切れでした。担当者はこのとき初めて「契約書の重み」を実感したのです。

瑕疵担保責任期間は1年で交渉する

「瑕疵担保責任期間」とは、平たく言えば「不具合があった場合にタダで修正する期間」のことです。家電製品を無償で修理してくれる「メーカー保証期間」をイメージするとわかりやすいかもしれません。

この瑕疵担保責任期間について、当然ながらベンダーは短くしたいと考えます。ベンダーから提示される契約書は、ほとんど6か月で記載されています。自社できちんとチェックしなければ、そのまま6か月が適用されてしまいます。

一方、ユーザー企業の立場で考えた場合、この6か月は適切でしょうか？

一般的な業務システムにおいて、決算や年末年始、特定イベントなどが一通り稼働するのに1年かかります。すなわち、全ての処理が実際に稼働し「問題なかった」と断言するには1年の期間が必要ということです。

また、ユーザーの習熟度が上がり、ようやく気づく不具合もあります。データが蓄積された状態で、初めて発覚する性能問題もあります。これらは、6か月というスパンではほとんど顕在化しません。

民法上の「瑕疵修補期間」も1年と定められています。あえてそれを、ベンダーの都合で6か月に短くする理由は見当たりません。

そのため、瑕疵担保責任期間もよほどの理由がない限り1年が妥当と言えます。

ベンダーには、これら業務的な理由をきちんと伝えた上で、1年の期間を要求します。自社が毅然（きぜん）とした態度で調整すれば、ほとんどのベンダーは応じてくれます。それでも渋るベンダーに対しては、RFPの前提に書いてあったことを伝え、なぜそれを提案時に言ってこなかったかを追求します。

なお「損害賠償責任期間」も同様です。期間が6か月となっているのであれば、1年とするよう調整を行っていきます。

未来で発生する障害に備える

本番稼働後の障害は、業務に大きな影響を与えます。一刻も早くシステムを修正し、業務を復旧させなければなりません。そのような有事の際に、ベンダーと責任問題の綱引きをやっている時間はなく、早急に対応していく必要があります。そのためには事前の取り決め、つまり契約が重要になってきます。

システムにバグはつきものです。テストでバグを100%除去することはできません。本番障害はいつか発生すると考えておく方が自然と言えます。

将来の障害に備えて、瑕疵担保責任期間や損害倍償責任期間はしっかりと交渉していく姿勢が重要です。

RULE 41

多段階契約は自社に不利となる

予算とスケジュールが大幅に膨れ上がった理由とは

あるプロジェクトに「火消し役」として製造フェーズから支援したときのことです。当初5000万円の予算でしたが、工程が進むにつれ金額が膨れ上がり、現在は1億円を超えています。スケジュールも当初の予定を大幅に超えており、このままのペースでは半年以上の遅れとなる状況でした。

そのプロジェクトは企業としてもかなり力を入れており、メンバーも主力級で構成されていました。特に業務上の問題や、技術的な課題が発生したわけではありません。それなのに、なぜこのような状況に陥ってしまったのでしょうか？

確認したところ、そのプロジェクトは6分割の「多段階契約」でした。

「要件定義」フェーズだけは、最初の見積もり金額通りに発注しています。ところが、要件定義を進めていく中でスコープが大きく膨らんだため「外部設計」フェーズは、当初見積もりの約2倍の金額で発注となりました。外部設計においても、画面や帳票が想定よりも多く複雑となったため「内部設計」フェーズも当初見積もりの2倍以上の金額となります。それ以降のフェーズも、それぞれ当初見積もりを大幅に上回る金額となってしまいました。

そのユーザー企業は途中でプロジェクトを投げ出すわけにもいかず、内部で苦労しながら追加予算を確保し、渋々発注するしかありませんでした。

一括契約または二段階契約しか選択肢は考えない

「多段階契約」とは、ベンダーが実施するシステム開発の工程を区切って、複数回で契約していく方式のことです。どこまで分けるかはそのプロジェクト次第ですが、最小で2回、最大で6回に分けて契約します。

多段階契約のうち、最も多い6回に分けるケースを考えてみます。このケースは自社にとってメリットがあるのでしょうか？

個別に契約を重ねるということは、6つに分けたそれぞれの工程で金額とスケジュールを確定させていくことになります。言い換えると「全体の金額とスケジュールは最後の契約が完了するまではわからない」ということです。つまり契約上は、自社が計画していた全体の予算とスケジュールが守られる保証はどこにもなく「費用対効果の分析もまるで意味がなくなる」ということです。

スコープが拡大しても、ベンダーはその分を上乗せして見積もればよく、ベンダーにはリスクがありません。自社が一方的にリスクを被る形となります。よって、多段階契約は自社にとって非常に不利な方式と言えます。

一方「一括契約」とはその逆で、全ての工程を一括で契約する方式です。最初に金額とスケジュールをベンダーと確定できるため、自社にとって非常にメリットのある方式と言えます。

小規模な開発やカスタマイズの少ないパッケージであれば、この一括契約方式でベンダーと交渉を進めます。ベンダーも見積もりオーバーのリスクが少ないため、積極的にアプローチすれば、当方式での契約が可能です。

ところが大規模なスクラッチ開発やカスタマイズボリュームの大きなパッケージ導入については、さすがにベンダーが渋ります。ベンダーは見積もりをどれだけオーバーしても、全てベンダー負担で約束した期限内にシステムを完成させる責任が生じるためです。

そこで折衷案となるのが、多段階契約のうち2回に分ける「二段階契約」です。

最初の契約を「要件定義」フェーズのみとし、2回目の契約を「外部設計」～「運用テスト」フェーズとします。

図32 一括契約、多段階契約、二段階契約の契約期間

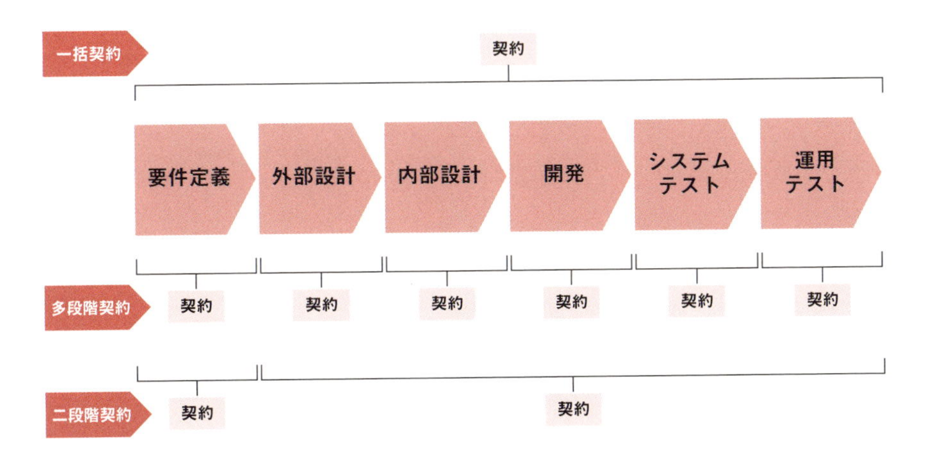

「要件定義」フェーズは、構築するシステムのスコープを確定させる工程です。スコープが膨らんだとしても、要件に優先順位をつけた上で、自社とベンダーで調整を行っていきます。全体の見積もり金額を見ながら、スコープを最終確定させることができます。

スコープ確定ということは「外部設計」フェーズ以降の見積もり材料が全て揃った状態とも言えます。ベンダーにとっては、見積もりリスクがある程度抑えられることになります。自社としても、2回目の契約で全体の金額とスケジュールを確定させることができます。

二段階契約は、双方にとって「落としどころ」となる契約と言えます。

ベンダーとの契約については「一括契約」あるいは「二段階契約」しか選択肢はないと考え、交渉にあたるべきです。

ベンダーの都合で契約を区切らない

過去のシステム開発においては、一括契約が主流でした。ところが、経済産業省が多段階契約（6段階）を推奨した経緯があり、近年では多段階契約を要求するベンダーが増えてきています。

ベンダーにとってはメリットしかなく、ベンダーが作成した契約書はこの多段階契約を前提としたフォーマットが散見されます。

しかし、自社がこの方式で合意したが最後、当初の計画は間違いなく崩れ去っていきます。要件定義や設計を進めていくと、必ず当初に想定しなかった事実や考慮漏れが発覚し、スコープが大きく膨らんでいくからです。

ベンダーに対して、金額とスケジュールを抑止する約束がないと、それこそ青天井で膨らんでいくだけです。その抑止として「一括契約」あるいは「二段階契約」で早期に金額とスケジュールを合意するのです。

たかが契約の区切り方とは考えず、契約は極力区切らないというスタンスでベンダーと交渉していきます。

第2章

プロジェクト立ち上げ～要件定義までのルール

企画～発注

要件定義～設計

受入テスト～検収

ユーザー教育～本稼働

運用・保守

2-1 プロジェクト計画でベンダーとの良好な関係の枠組みを作る

2-1 PJ計画 ＞ 2-2 要件定義 ＞ 2-3 課題管理 ＞ 2-4 マスター準備

● プロジェクトを進める上での約束事

プロジェクト計画書とは、プロジェクトを進めていく中で判断に迷った際の指針となるものです。プロジェクトは、自社とベンダーの共同作業となります。お互いの主張がぶつかるときもあれば、グレーゾーンで誰もやらない作業が出てくることもあります。そうならないために、あらかじめプロジェクト計画書に目的や方針、役割などを定義しておきます。

● 最初の共同作業だからこそ

プロジェクト計画書は、契約後にベンダーから提示される最初の資料です。ベンダーの理解が正しいかどうかをチェックする絶好の機会と言えます。

チェックする観点は「自社で作成した企画書やRFPと整合性がとれているか」です。ベンダーが自社の方針を正しく理解していないと、今後のプロジェクトで必ず問題が発生します。そのため、ベンダーが記載したプロジェクト計画書の各項目を入念にチェックします。細かい部分であっても認識相違があれば調整し、修正してもらうようにします。

これからベンダーと良好な関係を築くための「枠組み」を定義しています。最初だからこそ、変に遠慮や妥協はせずに、積極的に調整していきます。最初のベンダーとの「距離感」が今後のプロジェクトのベースとなります。

図1 プロジェクト計画書の関係図

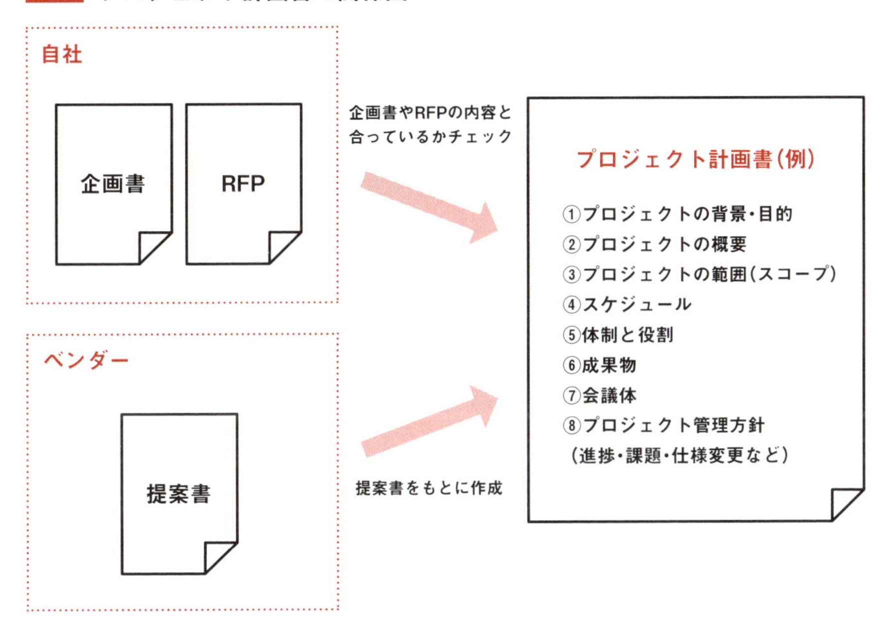

図2 プロジェクト計画書のチェックポイント

プロジェクトの背景・目的	ベンダーがプロジェクトの背景や目的を正しく認識しているかを確認します。
システム概要図	ベンダーが自社のシステム環境を正しく認識しているか確認します。特にシステム間連携は、トラブルが発生しやすい箇所です。
スケジュール	ベンダーが想定するスケジュールが、自分たちの認識通りか確認します。本番稼働日は正しいか、ユーザー受入テストが短くないか等。
プロジェクト体制図	ベンダーの営業窓口、責任者、仕様調整窓口、インフラ担当、PMO（品質管理チーム）などを確認します。
成果物	RFP で要求した成果物と相違がないかを確認します。設計書だけでなく、操作マニュアルや品質報告書も明記されているか確認します。
会議体	進捗会議の頻度や日程、ステアリングコミッティや各工程の終了判定会の有無を確認します。
プロジェクトの進め方	ベンダーの進め方のイメージが自社と合っているかを確認します。
課題管理方法	プロジェクトが始まると、いろいろな課題が発生します。それの手続き方法や管理表フォーマットを確認します。

RULE 42 プロジェクト計画書で共同作業の方向を定める

そのベンダーのプロジェクト計画書は大丈夫ですか

「それではXXプロジェクトのキックオフミーティングを始めます」

ベンダーのプロジェクトマネージャーが進行し、会議が始まりました。手元に配られた資料をパラパラとめくったところ、3ページしかありません。表紙と最後のロゴページを除くと、実質は2ページ目のスケジュール資料のみです。追加の資料が別にあるのか確認したところ、以下の回答を受けました。

「いや、特に指定されなかったのでスケジュールだけお持ちしました」

「ご指定いただければ作りますよ」

自社のプロジェクトマネージャーAさんは、急に不安になってきました。

ベンダーのプロジェクト計画書をしっかりとチェックする

ベンダーと契約が完了したら、いよいよプロジェクト開始です。ベンダーと自社の関係者が一堂に集まって「キックオフミーティング」を開催します。

通常は、このキックオフでベンダーから「プロジェクト計画書」が配布され、それをもとにお互いの認識を合わせていきます。

このプロジェクト計画書ですが、きちんと作ってくるベンダーと、そうでないベンダーの2つに分かれます。

もしプロジェクト計画書をきちんと作ってこなかったら、残念ながら「ハズレ」ベンダーです。プロジェクトを開始するにあたり、プロジェクト計画書を確認するのは当然のことです。少なくとも、事前にキックオフの内容は確認するはずです。その観点が抜けているということは、そのベンダーは経験不足かユーザーと接点のない下請けしかやってこなかったということです。

だからといって、そのベンダーに合わせて自社の要求レベルを下げる必要はありません。プロジェクト計画書を作るよう要求し、キックオフはやり直しとします。最初に「自社はきちんとやりますよ」という姿勢を示し、今後のベンダーの品質を牽制（けんせい）しておきます。

一方、プロジェクト計画書をきちんと作ってくるベンダーは安心かと言えば、そうとは限りません。計画が妥当かを確認していきます。

「我々はこういう方針で進めるが良いか？」というベンダーの計画に対して、自社のイメージとすり合わせを行っていきます。ベンダーが己の開発スタイルを持っていることは良いことです。ただし、その進め方が自社に合っているかは別の話となります。自社が進められるイメージを持てなければ、納得いくまで話をして修正していきます。例えば

「カスタマイズは行わない方針のため来週からテストをお願いします」

というベンダー方針に対して

「業務フローの確認が先でしょう」

「請求書のカスタマイズは行わないとは決まっていない」

「そもそも来週からテストの体制は組めない、来月以降で調整」

など自社のイメージを伝えた上で、計画を修正していきます。

また、自社が全くイメージしていない進め方であっても、より良くなるイメージが持てれば、その計画に合わせることも考えていきます。例えば

「我々は対面で話を聞きながらその場で画面を作ります」

「そのため週３回、対面で画面構築のセッションをお願いしたい」

と言われれば、そこに乗るかどうか検討していきます。

よって、表面上は立派そうに見えるプロジェクト計画書であっても、油断はせずにしっかり内容をチェックし、妥当かどうかを確認します。

合意せずに勝手に先に進もうとするベンダーに対しては、自社からブレーキをかけ、将来の手戻りを防ぐことが重要です。

方向を決めるのはこのタイミングしかない

ベンダーには、ベンダーのプロジェクト計画があるのは当然のことです。プロジェクトは自社とベンダーの共同作業です。お互いの意見を出し合って、納得のいく計画を固めてからスタートしていきます。

今後、ベンダーから様々な成果物の提示を受けますが、自社が主体的に検証していく必要があります。見過ごしてしまえば、自社が承認したことになるからです。その最初の成果物が「プロジェクト計画書」であり、プロジェクトの方向を決める重要なものとなります。

RULE 43 ベンダーWBSとは別に社内WBSを作る

ベンダーの遅れを遡ると自社のせい

あるプロジェクトでは、ベンダーと週1回の進捗会議を行っていました。ベンダーは配布したWBS資料をもとに、上から順に進捗状況を報告していきます。

ベンダーから相次ぐ進捗の遅れが報告され、プロジェクトマネージャーのAさんは激高してしまいました。

「先週からずっと遅れたままじゃないか！」

「今すぐ対策を立てて報告しろ！」

コワモテなAさんにベンダーは萎縮しています。しかし、その後ベンダーの担当者は恐る恐る次のように回答してきました。

「もう着手できるところは全てやりました……。このタスクはXさんの回答待ち、このタスクはYさんの回答待ち、このタスクはZさんの回答待ち……、遅れているタスクは全て御社からの回答待ちです」

自社のプロジェクトメンバーであるXさん、Yさん、Zさんはそれぞれ別のプロジェクトも掛け持ちしていました。別システムで障害が発生し、対応に追われることもありました。その後も、メンバーはあまり時間が取れず、回答は慢性的に遅れるようになります。数か月後、システム稼働日の延期が決まりました。

WBSはダブルスタンダード

WBS（Work Breakdown Structure）とは、スケジュールを細かくタスクレベルまで落とし込んだものです。タスクごとに担当者と期間を設定します。プロジェクトの進捗を管理する上では、必須ドキュメントとなります。

通常は、進捗会議でベンダーからWBSが提示され、このWBSで進捗確認を行っていきます。これでプロジェクトとして進捗管理は万全でしょうか？

ベンダーが作るWBSは、当然ながらベンダー視点です。システムを作る上でのタスクは網羅されているかもしれませんが、プロジェクト全体のタスクを網羅しているわけではありません。あくまでベンダーの進捗管理であって、プロジェクト全体の進捗管理にはなりません。

例えば、以下のようなタスクはベンダーWBSには存在しないものです。

- **関連部署と業務フローの改善を検討する**
- **取引先と請求書のレイアウトを調整する**
- **システム連携する別ベンダーと仕様を調整する**

エンドユーザーや関連部署との検討、取引先や別ベンダーとの調整など、システムを導入するための社内タスクは自社で管理する必要があります。つまりベンダーWBSとは別に、自社WBSを作る必要があるということです。

プロジェクトにおける進捗管理とは、ベンダーWBSと自社WBSの両方を確認し、整合性をとっていく作業となります。

進捗は自社のWBSが鍵を握る

ベンダーによっては、ベンダータスクだけでなく自社タスクを含めてWBSを作ってくるところもあります。このような場合、ベンダーのWBSで一元管理はできるのでしょうか？

残念ながら、一元管理は難しいと言えます。ベンダーが作成する自社タスクはベンダーから見える部分だけであり、自社タスクを網羅していないからです。

また、ベンダーから週1回の報告では、遅れに対処できません。自社でWBSを作成し、日々更新するからこそ、状況を管理できるというものです。

冒頭のケースのように、ベンダーに対して叱責し「ベンダーのお尻をたたく」ことが仕事だと思っている管理者は多く見受けられます。しかし、その遅れは本当にベンダーの責任なのでしょうか？

プロジェクトの進捗が遅れている場合、100%ベンダーが悪いということはほとんどありません。大抵の場合、自社タスクの遅れがトリガーとなり、ベンダータスクの遅れを引き起こしています。ベンダーの遅れとは異なり、自社の遅れは厳しく追及されないことが多いためです。それらが積もっていくと、プロジェクト全体の遅延を引き起こし、ベンダーに責任転嫁されていきます。

ベンダーを追求する前に、自社の遅れがないかを確認することがプロジェクトマネージャーの仕事です。まず自社のタスクをきちんと把握し、遅れが出ないようにフォローしていきます。その次にベンダーWBSを確認し、ベンダーの進捗をフォローしていきます。

RULE 44 社内WBSは全て自社タスクで構成する

WBSの基本ルール

WBSの目的は、担当者レベルで進捗を管理することです。それさえできれば、特にフォーマットに決まりはありません。

WBSの最低限のルールとして、「予定」と「実績」の期間を表す必要があります。この2種類の線をどう表現するか。この表現方法が実に様々で、いろいろなフォーマットが存在する理由となります。

最もオーソドックスなフォーマットは、上段に予定、下段に実績の線を入れる方法です。予定に対して、進んでいるのか遅れているのかを視覚的に表現できます。ただし1タスクにつき2段構成になるため、少し作りにくいのが難点です。

最近では、無料アプリやクラウドサービス等でツールが多く提供されるようになりました。日付を入れると、自動できれいな線が引かれます。いろいろなツールを試してみて、使いやすいものを選ぶと良いでしょう。

全て自社のタスクとして作る

WBSの作成ポイントは「自社の人間が主体のタスクにする」ということです。担当者欄は全て自社メンバーの名前を入れます。

例えば、設計書の作成はベンダーが実施します。普通に表現するなら、担当者が「ベンダー」、タスク名は「設計書作成」です。しかしこれでは主体的に管理ができなくなります。そのため、担当者を自社の「Aさん」、タスク名は「設計書受領」と表現します。担当者がベンダーではなくAさんとなるため、このタスクの遅れはAさんの責任となるわけです。Aさんは自分のタスクが遅れないように「ベンダー進捗の確認」というタスクが追加となります。遅延している場合は、「遅延の原因と対策の検討」というタスクも追加となります。

「全てのタスクを自社のタスクに置き換えるのは無理なのでは？」

と思われるかもしれません。しかし実際に書いてみるとわかりますが、全て自社タスクとして書けるものです。コツは「○○受領」「○○承認」「○○レビュー」とベンダータスクを反転させることです。

また、担当者の部分はなるべく「連名」は避けます。仮にそのタスクの担当が3名いたとしても、主担当を決めてその1名の名前を記入します。連名は責任感が薄まったり、お互いに遠慮したりするなど、遅れを引き起こしやすいからです。もしその3名で分担が決まっているなら、3つのタスクに分解して管理します。

図3 WBSサンプル

上段に予定、下段に実績を記載

分類	項目	ステータス		4月												▼Today		
		進捗	担当者	1	2	3	4	5		7	8	9	10	11	12	13	14	15
プロジェクト計画	プロジェクト計画書の受領	完了 100%	Aさん															
	プロジェクト計画書の事前確認	完了 100%	Aさん															
	キックオフミーティング	完了 100%	S課長															
	プロジェクトの目的・目標の合意	完了 100%	Aさん															
	スケジュールの合意	完了 100%	Aさん															
	プロジェクト体制の合意	完了 100%	Aさん															
	プロジェクト計画その他の合意	完了 100%	Aさん															
	プロジェクト計画書レビュー	完了 100%	Aさん															
	プロジェクト計画書役員報告	完了 100%	S課長															
要件定義	業務フロー確認（受注・出荷）	実施中 40%	Bさん															
	業務フロー確認（請求）	実施中 50%	Cさん															
	業務フロー確認（入金）	未着手 0%	Dさん															
	業務フローの最終版受領	未着手 0%	Bさん															
	機能要求レビュー（受注・出荷）	未着手 0%	Bさん															
	機能要求レビュー（請求）	未着手 0%	Bさん															
	要件定義書最終版受領	未着手 0%	Cさん															
	要件定義書最終版レビュー	未着手 0%	Dさん															
	個別契約書＆見積書取得	未着手 0%	Dさん															

全て自社タスクで構成する

全て自社メンバーとし、連名は避ける

2-2 システム要件を俯瞰（ふかん）し導入効果を最大化する

2-1 PJ計画 / 2-2 要件定義 / 2-3 課題管理 / 2-4 マスター準備

● RFPは確定ではない

要件定義とは、導入するシステムの機能や仕様などを確定していく作業です。

RFPには自社の要求が全て含まれていますが、それが全てシステムに実装されるわけではありません。要件定義では、それらの要求を掘り下げた上で、実際に発注する機能を再定義していきます。プロジェクトとして「やること／やらないこと」を関係者と合意して、スコープ（範囲）を確定させます。

この要件定義で合意したスコープをもとに、ベンダーはシステム設計を行い、システム製造に落とし込んでいきます。

● 合意がなぜ難しいか

ベンダーはRFPの要求をもとに、要件定義書を作成します。要求ごとに自社の関係者がレビューし、合意すれば確定となります。

すんなりと合意できれば良いですが、そうならないことも多くあります。合意が難しい理由はどこにあるのでしょうか？

要件定義では、内容を掘り下げていく過程で、当初は話に上がっていなかった新事実や制約が出てくることもあります。例えば「法改正で新たな対応が必要になりそう」「後から現場の要求が追加になった」「影響しないと思われていたシステムにも修正が必要だった」というケースです。

予算やスケジュールが無制限であれば、特に問題にはなりません。しかし、プロジェクトには、予算やスケジュールに制約があります。当初予定していなかった新事実の対応を行うということは、その分、金額とスケジュールの制約に引っかかってくということです。

そのため、制約内におさめるべく、当初から予定していた機能を見送るケースも出てきます。要求の優先順位に従い、優先度の低い機能を「やらない」という決断が必要となります。

しかしながら、その機能を期待していた部門からは当然反発が出てきます。「他部署の要求よりもウチの要求の方が重要」といった具合です。

要件定義とは、言い換えると「やらないことを合意する」作業とも言えます。だから大変なのです。プロジェクトメンバーは社内関係者やベンダーとの板挟みに合いながら、調整に奔走することとなります。

要件定義フェーズは、関係者の「やる／やらない」の合意を得て、初めて完了となります。

図4 RFPと要件定義はスコープが異なる

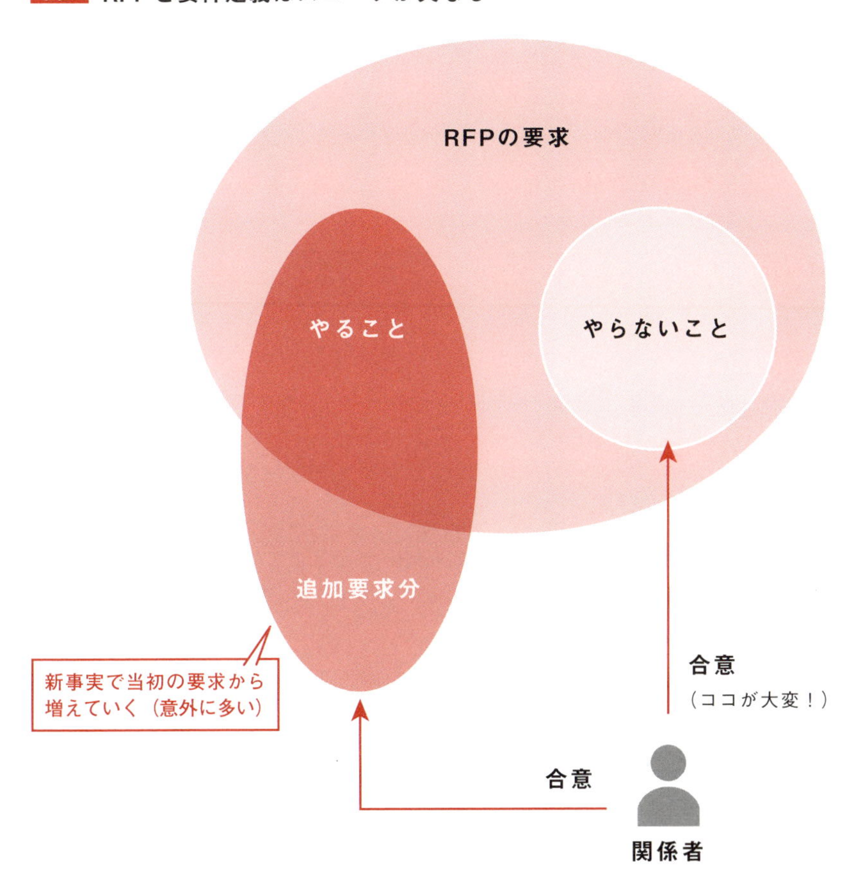

RULE 45 要求機能一覧をベンダーと精査していく

要件定義は予算オーバーとの戦い

「なんで前回より金額が増えているんだ！　見直しをしろ！」

プロジェクトマネージャーのPさんは、社長に費用増加の説明に伺いましたが納得してもらえませんでした。ベンダーと要件定義を行った結果、最終見積もりの金額が大幅に膨らんでいます。機能の詳細を調整していくにつれ、システムのスコープがどんどん大きくなったためです。

RFPのときに提示した「要求機能一覧」は、自社にとっては思い入れのある機能ばかりでした。削れと言われても、もうこれ以上は無理というものです。各部署から激しい抵抗が予想され、Pさんは頭を抱えてしまいました。

一般的に要件定義後に見積もりをやり直すと、以前のものよりも大幅に金額が増えてしまうものです。しかし予算は決まっています。この後、どう金額を下げていけば良いのでしょうか？

要求機能一覧をベンダーと一緒にブラッシュアップしていく

要件定義とは、要求（WANT）を要件（MUST）に変えていく作業です。「自分たちのほしい機能」を「作らないといけない機能」に再定義していく工程です。最終的にはこの「作らないといけない機能」をベンダーが見積もり、発注金額が確定します。

当然ですが、機能が少なくなれば、金額も少なくなります。機能がシンプルになれば、金額も抑えられます。これらをベンダーと一緒に協議して、最も安く構築する方法を探っていきます。

具体的には「要求機能一覧」の資料を修正して、右端にベンダー記入欄を追加します。そこに「この機能を作るとしたらいくらかかるのか？」を記入してもらいます。その情報をもとに、機能単位に費用対効果を検証していきます。

ベンダーに選択肢を提供してもらうことも効果的です。金額が想定よりも高い機能は、間違いなくベンダーは過剰な高機能を作ろうとしています。ベンダーの考える「リッチな機能（松）」「少し削った機能（竹）」「大胆に削った機能（梅）」

と松竹梅の選択肢で出してもらいます。説明を聞いてみると、そこまでリッチなものは求めてなく「梅案がいい」というのはよくあるケースです。

ベンダーとこの調整を何度も行うことで、金額を予算範囲内に収束させていきます。収束できないときは、さらに以下の観点で再検討していきます。

- 業務を合理化することで機能自体をなくす
- 現行と全く同じ仕様にこだわらない
- 要求レベルを下げて機能をシンプルにする
- ほとんど使わない機能は運用でカバーする

見送り機能は丁重に取り扱う

社内で検討を重ねると、しぶしぶ見送りとなる機能も出てきます。この「見送り機能」の扱いは非常に重要です。

「なぜこの機能はやらないんだ！」と、後から参画したメンバーやたまに首を突っ込んでくる役員に蒸し返されることがあります。そして一度は見送りとなった検討をもう一度、検討し直すことになってしまいます。

そうさせないために、見送りとした機能は「要求機能一覧」から削除せずに残しておきます。色をグレーに変えた上で、備考に「見送った理由」を明記しておきます。第三者が後から確認できるよう、記録として残しておきます。

なお、この見送り機能の記録は、次回の二次開発で再検討します。

図5 要求機能一覧を精査する

分類	要求事項	対応区分	備考	見積（k）
請求	自社の請求書フォーマット50種類に対応する	対応する	20種類までに減らして対応する	¥1,000
請求	請求データは過去2年分を参照可能とする	対応しない	現行システムを残し参照可能とする	¥500
入金	自動消込処理を行う	対応する		¥2,000
営業支援	スマートフォンで外出先から営業日報を送信する	対応しない	日報ルールは廃止とする	¥4,000

見送った機能も削除せず、記録として残しておく

見送り理由を書いておく

ベンダーに記入してもらう

RULE 46 現行帳票は全て廃止するつもりで見直す

その帳票は本当に必要ですか？

あるプロジェクトで「現行帳票一覧」を作成し、それぞれの帳票が今後も「必要」か「不要」かのどちらかを各部署に入力してもらいました。

結果を確認したところ、ほとんどの帳票が「必要」と入力されています。そこで「必要」となっている帳票について、どのように使っているのか各部署にヒアリングを行ってみました。

「前任者から引き継いだけど、目的はよくわからない」

「障害が発生したときに使うらしい。でも使ったことがない」

「印刷して保管している。でも保管義務があるかは微妙……」

「この帳票はAさん、この帳票はBさん専用。見た目が違うだけで同じもの」

等々、疑問の多い帳票がたくさんありました。

結局、しつこく用途を聞いて回った結果、30あった帳票が、必要と断定できたのはたったの5つだけでした。

現行帳票の見直しはメリットが大きい

皆さんの周りには、無駄な帳票はありますでしょうか？

日々の運用の中では深く考えることはないですが、要件定義においては徹底的に検討していきます。帳票の見直しには、2つのメリットがあります。

1つ目は、コスト的なメリットです。1帳票なくすだけで、20万円～50万円、複雑なものだと100万円は削減できます。例えばCSVデータで全項目出力する機能だけを作って、多くの帳票を廃止した事例もあります。

複雑な帳票は、シンプルなレイアウトにすることで削減できます。例えば、1データに表示する項目が多く2段表示や3段表示にしている場合は、表示項目を減らし1段表示とするだけで金額は下がります。また、具体的な削減案をベンダーに出してもらい、検討していくことも効果的です。

2つ目は、運用改善のメリットです。帳票を廃止することで、印刷したり、保管したりする手間を省くことができます。帳票はそれ自体が目的ではなく、業務を補助する道具であるはずです。業務を補助していない帳票は、存在自体が悪です。帳票が１つ減れば、確実に運用負担も１つ減ります。

今は使われなくなった帳票も、おそらく作成当時は必要でした。しかし、時間が経つにつれ形骸化していきます。なぜなら、帳票は使わなくなっても明確に「廃止」となることは少なく、使われないだけで残ってしまうからです。

そのような形骸化した帳票は、まずは思い切って廃止にしてみます。いざ困ったら追加開発すれば良いのです。「いざ」が訪れることはほぼないですが。

もちろん、請求書などの「社外帳票」は慎重に検討する必要があります。取引先や関係者などに合意を得て、初めて変更が可能となるからです。ですが、「社外帳票」も聖域ではありません。変更することで業務に革命的な改善をもたらすのであれば、プロジェクトオーナーを巻き込んで検討すべきです。

なお、パッケージシステムであれば、標準出力される帳票のみで運用が回せるかどうかを検討します。現場からは猛反発があるかもしれませんが、大胆に業務を変える覚悟があれば、試してみる価値は大いにあります。

帳票見直しを業務改善に繋げる

「帳票を見直す時間がないから、帳票はとりあえず据え置きで」
という発言をよく聞きます。しかしこの先送りの体質が、本質的に忙しくしているとも言えます。このチャンスを逃すと、無駄な帳票運用に時間を割かれ、ますます忙しくなるだけです。

たかが帳票の見直しではありません。業務全体の見直しに繋がる作業です。現場の反発があっても、それは今の運用に慣れているからです。

帳票見直しをきっかけとして業務改善の検討が活発になれば、それ自体が非常に価値のあることです。業務改善の検討は、社内のモチベーションを高め、さらなる改善を生み出すエネルギーとなります。

逆を言えば、帳票の見直しすらできないようでは、業務改善は夢のまた夢と言えます。「全ての帳票をなくせるか？」という大きなチャレンジには、大きなリターンが待っています。

RULE 47 システム間連携は自社の連携力が問われる

システム間連携がないと現場は苦労する

あるプロジェクトで現状分析したところ「売上の三重入力」という運用が行われていました。

①営業担当者が「営業支援システム」に「売上入力」する
②事務担当者が「請求管理システム」に「売上入力」する
③経理担当者が「財務会計システム」に「売上入力」する

全く同じ売上金額を、それぞれ別のシステムに入力していました。それぞれの部署間では、印刷した帳票が連携されていました。どこかのシステムで入力ミスが発生すれば、そこから先は間違った数字が連携されるリスクもあります。言うまでもなく、全社的な観点からみれば極めて非効率な運用となっています。

本来であれば、①→②→③とシステム間でデータ連携をすれば良いだけです。なぜこのような運用になっていたのでしょうか？

システム間連携とは社内の連携である

システム間連携とは、次のようにシステム間でデータ連携することです。

「受注生産システム」→「請求管理システム」→「財務会計システム」
「勤怠管理システム」→「給与計算システム」→「経営管理システム」

大部分のシステムは、別のシステムからデータを取り込む、または別のシステムにデータを出力しています。企業のシステムとは、このようにシステムとシステムを連携した、システムの集合体と言えます。

システム間連携を決めていくということは、2つのシステム間で「どのタイミングで何を連携するか」を仕様として落とし込んでいくことです。

通常、各システムは別々の部署が所管しており、保守するベンダーも異なります。そのため、異なる部署間で連携仕様を決めていくことになります。

もし、この部署間のコミュニケーションが円滑にいかなかった場合、どうなるでしょうか？

システム間連携が不十分となり、システム外での作業が増えていきます。
「いくら仲が悪くても仕事はきちんとやるでしょう？」と思われるかもしれません。しかし、システム間連携の調整はコミュニケーションの塊であり、関係性が強く作用します。仲が悪いためにシステム連携しなかった、という笑えないシステムを何度か見てきました。冒頭のケースもその一例です。
実際にここまで極端なケースは少ないですが、対面での打ち合わせを行わずにメールだけでやり取りをして、不十分な連携となることは珍しくありません。
「そんな予算はない」「忙しくて無理」「なんでそっちの都合に合わせないといけないの？」と相手システム側から煙たがられることもあります。
しかしここで引き下がっていては、現場の人たちに迷惑をかけるだけです。プロジェクト側から粘り強くアプローチして、密にコミュニケーションをとっていく他ありません。
「システム間連携はベンダーの仕事でしょ？」とイメージする人もいます。しかし、ベンダーは、連携する仕組みを作るだけです。どのような仕様とするかは、自社のタスクです。自社が責任をもって、社内できちんとコミュニケーションをとり、仕様に落とし込んでいくものです。

システム間連携は全社最適で考える

システム間連携を設計する際には、次のように全社視点から考えていきます。
「データの全体の流れはどうあるべきか」
「この情報はどのシステムで入力することが適切なのか」
「この帳票はどのシステムから出力されるべきか」
導入する現場だけで考えたシステムは、逆に現場が苦労することになります。現場の負担を軽減し、効率化するためには、全社的な最適化が不可欠なのです。
その過程で、連携するシステムの修正も避けられません。ここで管轄外のシステムだからと変に遠慮をしてしまうと、全社的には不整合で非効率なシステムが出来上がってしまいます。
システム間連携は、IT プロジェクトにおいては極めて重要な項目です。システム導入の恩恵を十分に得るためには、システム間連携の全体最適化が欠かせません。プロジェクトメンバーが部署を横断して、密にコミュニケーションをとっていけるか。プロジェクトの推進力が問われます。

RULE 48 システム間連携で注意すべきこと

システム間連携は受け取る側が仕切る

システム間連携の仕様検討において、中心となるのが「どの項目を連携するか」という部分です。この項目は、誰がどうやって決めていけば良いでしょうか？

システム間連携は、データを「送り出すシステム」と「受け取るシステム」に分かれます。両者で合意しながら進めていきますが、どちらが主導権を持って決めていくべきかというと「受け取るシステム」側です。なぜなら、データを使うのは「受け取るシステム」だからです。「送り出すシステム」には要件はありません。送らなくても、全く困りません。あくまでも「受け取るシステム」がそのデータを利用したい、という要件を具体化していく作業です。

よって、連携フォーマットの案は「受け取るシステム」でたたき台を作成し、「送り出すシステム」で出力可能か調整していくのが基本的な流れとなります。

要件定義で項目レベルまでは決めておく

「要件定義で連携項目まで決めるの？」と思うかもしれません。一見すると、次の設計フェーズで決めてもいいと思ってしまいます。

例えば、設計フェーズで連携する項目を決めたとします。調整した結果、

「この項目は使えない」

ということが発覚したらどうなるでしょうか？　その項目がマッチングキーだったり、最もほしい情報だったりすると、その連携自体に意味がなくなってしまいます。その結果、連携機能がキャンセルとなります。

ベンダーは、この連携機能を構築する前提で見積もりし、要員も確保しています。相手側のシステムでも同様にすでに発注済みです。この両方のベンダーに迷惑をかけることは間違いありません。

そのため、システム間連携は、要件定義で項目レベルまでは最低限決めておく必要があります。連携データのコード設計などは後でも構いませんが「連携自体が可能かどうか」の見極めは要件定義フェーズで必ず行っておきます。

サンプルデータで早めに確認を行う

システム間連携の処理は、システム障害で最も多い障害の1つです。「小数点以下の桁数」や「日付の形式」など細かい部分で認識相違があっただけで、すぐに障害となるからです。

そのため、早い段階でサンプルデータを用いて、テストを行っておくと効果的です。サンプルデータで実際に連携処理を動かしてみます。必ず何度か失敗し、修正が必要となるはずです。

その積み重ねが、本番障害を未然に防いでいきます。

以下にシステム間連携における確認ポイントを示します。

項目定義の確認ポイント

①データ形式（csv、tsv、固定長、Excel、テーブル直接連携など）
②各データの属性、桁数
③数値の場合は少数点第何位をどう端数処理するか
④必須項目か任意項目か（必ず値がセットされているかどうか）
⑤初期値は（Null、スペース、ゼロ等）
⑥日付項目の形式（数字8桁か、スラッシュやハイフンは入るか等）
⑦ダブルクォーテーションの有無
⑧ヘッダー行の有無
⑨文字コード、改行コード
⑩区切り文字（まれにcsvと呼びながらタブ区切りの場合もある）

運用観点での確認ポイント

①データ連携トリガー（手動／自動）
②連携スケジュール（日次、月次、5分間隔など）
③連携用共有フォルダーの場所
④取り込み後のファイル退避用フォルダーの場所
⑤連携処理の結果ログの場所
⑥上記を定義している設定ファイルの場所

RULE 49 自社でデータの手加工運用を前提としない

Excelの達人はどの現場にもいる

「A システムから出力したデータを加工して、B システムに取り込む」

これは現場でよく見られる光景です。特に Excel による加工は、代表的と言えます。Excel は、CSV 形式や固定長形式など様々なファイルを編集することができるため、非常に重宝されるツールです。

Excel の達人になれば、自ら複雑な計算式を組んで、高度な編集を行うことができます。Excel の達人はどの現場にもいて、珍しくありません。この方々を見ていると「高い費用をかけてシステムを導入しなくてもいいのでは？」と思ってしまいます。

もし周りにそのような達人がいるなら、思い返してほしいことがあります。

「その達人が休んだら困りませんか？」

「その達人はいつも忙しそうにしていませんか？」

「その達人が過去にミスをして大トラブルになったことはありませんか？」

「その達人が扱っているデータが流出したらまずくないですか？」

達人は、自分の技術で会社に貢献している自負があり、それ自体を悪くは思っていません。しかし企業全体で見た場合、リスクが大きいのではないでしょうか。

手加工は問題だらけ

データ手加工の運用は、次のような問題を抱えることになります。

①運用の負担が増加する

担当者は定期的な運用負担が義務づけられます。どんなに忙しくても、どんなに体調が悪くても、休むことは許されません。

②ミスによるリスクが大きい

手作業にはミスがつきものです。ミスの可能性をゼロにはできません。修正するデータの種類にもよりますが、ミスが発生すると業務上で大きな被害が発生します。例えば、顧客データであれば、その顧客とのトラブルに発展してしまいます。売上データであれば、誤った金額で請求してしまいます。勤怠データであれば、社員の給与を間違って支給してしまいます。

③作業が属人化する

データの加工作業は、画面操作とは異なり、単純ではありません。

「A シートと B シートを関数で結合して C シートに文字列をセットする」など、とっつきにくいものばかりです。手順書や専用 Excel を作ったとしても、誰もがすぐにできるわけではありません。そのため、通常は担当者が決まっており、属人化します。その人が休むと、業務がストップします。

④不正アクセスや改ざんの温床となる

データをローカル環境で修正できるということは、セキュリティリスクを抱えることになります。Excel は修正履歴や操作履歴がログとして残りません。そのデータをいつ誰がどのように加工したかが後から追跡できないのです。また、データを共通フォルダに置いている場合は、多数の人間がアクセスできてしまうため、不正コピーや改ざんが容易にできてしまいます。

システム間連携において手加工は必ず排除する

システム間連携においては、自動連携が大前提です。人の手による加工という選択肢は考えないことです。たとえ 1 項目の簡単な修正であっても、加工があるのとないのとでは、大きな差があります。

システム間連携を構築するということは、自社も一時的な負担を強いられます。システム開発を行うための「費用」と「時間」です。

しかし、システム開発費用を渋ったばかりに、人件費と労働時間がその何倍、何十倍も発生したとなれば、本末転倒です。手加工には負担とリスクしかありません。負担とリスクを金額換算したなら、必ず開発費用を大きく上回ります。 また、手加工で永続的に時間を奪われるなら「何のためにシステムを導入したのか？」と嘆きたくなります。

システム間連携に投資した費用と時間は、長期的に見れば必ず回収できます。一時的な視点で判断せずに、長期的な視点で判断する必要があります。

「システム間連携は手加工を許容しない」

この前提で、要件定義を進めていくべきです。

2-3 自社の課題解決力で進捗を加速させる

2-1 PJ計画 → 2-2 要件定義 → 2-3 課題管理 → 2-4 マスター準備

● 課題は日々発生！

システム導入プロジェクトを進めていくと、実に様々な課題が発生します。それら課題は軽微なものから重大なものまで幅広く、個々に対応方法を検討していく必要があります。日々、課題との戦いとも言えます。

小さなプロジェクトでも、20 ～ 30 件は課題が発生します。大きなプロジェクトになると、課題は 100 件を軽く超えます。もし管理表がないとしたら、その課題たちはどうなってしまうのでしょうか？

● プロジェクトの成功要因とは

プロジェクトで発生した課題は、まず課題として言語化し、共有することが重要です。課題の大きい小さいはこの時点では気にしません。また課題になる前の小さな懸念でも構いません。

共有した課題は「課題管理表」に全て記録し、管理していきます。課題が立て込んで埋もれてしまわないよう、発生した瞬間に忘れずに記録します。そして、常に最新状況を更新していくことが基本ルールです。

記録された課題は、まず影響範囲や重要度を見極めた上で「対応する」「対応しない」を切り分けます。次に、対応方針や期限を設定していきます。

課題を放置すると、スケジュールがどんどん遅れていきます。逆に、課題をタイムリーに解決すれば、スケジュールを加速させることもできます。

プロジェクトが成功するかどうかは、この課題管理にかかっていると言っても過言ではありません。

図6 課題管理表で課題を管理する

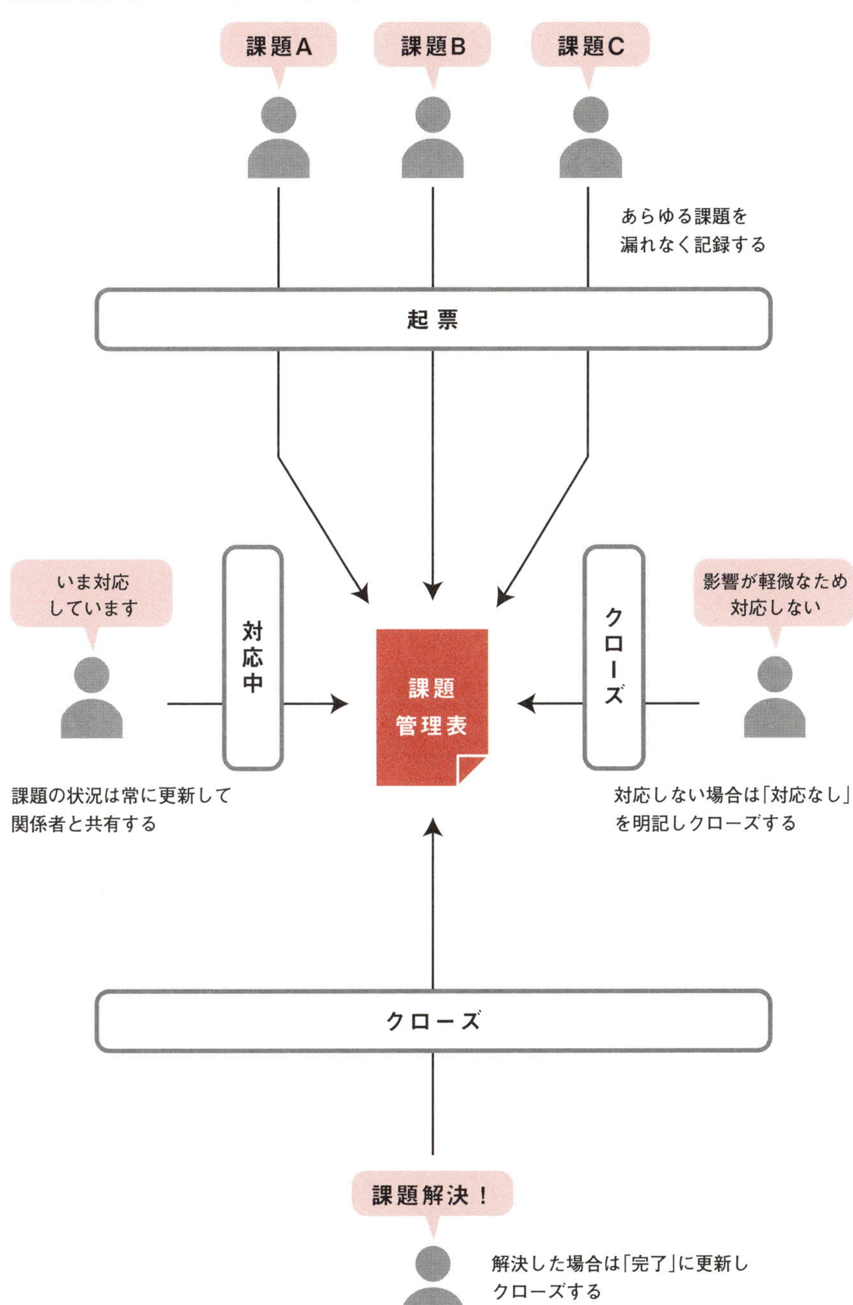

RULE

50 自社の課題管理表の方こそ重要

課題は管理していたのに問題だらけのプロジェクト

あるプロジェクトで、いざ受入テストというときに問題が発覚しました。

「別のプロジェクトとバッティングしてシナリオテストの体制が組めない」

「取引先５社と請求書の新フォーマットを合意できていない」

「連携する他システムとのテストスケジュールが調整できていない」

「異動したプロジェクトメンバーの後任が決まっていない」

「ベンダーの作業スペースを確保していない」

これらの対応に追われ、プロジェクトは２か月遅延しました。その後、システムの試験運用時にも次々と問題が出てきます。

「現場に新システムの話が通っておらず、問い合わせが殺到している」

「マスターデータを登録する部署と担当者が決まっていない」

「社員が自分のスマホでアクセスした場合の通信料の負担が決まっていない」

「ベンダーからの請求額が、予算をはるかにオーバーしている」

結局、新システムの稼働は困難と判断され、導入は保留となりました。

このプロジェクトは、課題管理をしていなかったわけではありません。むしろ毎週課題をチェックし、発生した課題は積極的に対応していました。

それでも、なぜここまで問題が噴出してしまったのでしょうか？

ベンダーの課題管理は全体の一部にすぎない

このプロジェクトでは、ベンダーと自社で共通の課題管理表を作成し、課題を一元管理していました。ここに問題があります。

WBSもそうでしたが、課題管理表もベンダーと自社では別で管理する必要があります。ベンダーが提供する課題管理表を見ると「ベンダー課題」「ユーザー課題」と分類されており、共通で管理できると思ってしまいます。

しかし、ベンダーが管理するのはあくまで「システムの課題」です。その「システムの課題」の中で、ベンダーと自社を区別しているだけです。

一方、自社で管理するのは「プロジェクト全体の課題」です。内訳としては「業務・運用の課題」「予算の課題」「スケジュールの課題」「システムの課題」「リソース・体制の課題」「その他の課題」となります。つまり「システムの課題」だけが、ベンダーと管理領域が重なるということです。

ベンダーと課題を一緒に管理するということは、全体の中の一部だけを管理することになります。システムがどれだけ立派であっても、その周りの阻害要因を排除しない限りは、プロジェクトの成功はありません。

「ベンダーのコストが高すぎる」「取引先との調整問題」「自社の人員不足」などは、ベンダーには関係のない話です。しかし、場合によってはシステムの課題よりも致命的な課題となってしまいます。

課題管理表もダブルスタンダード

プロジェクトとしては「ベンダーの課題管理表」と「自社の課題管理表」の2つをそれぞれ管理する必要があります。システムの課題は重複したとしても、切り口が異なるため、特に気にせず別で作っていきます。

自社の課題管理は、どのプロジェクトであっても必須となります。例えシステムが完璧であっても、それを導入する周囲に必ず課題は発生します。

失敗するプロジェクトは例外なく、自社の課題管理が甘いと言えます。逆を言えば、自社の課題を適切に管理できれば、プロジェクトは成功に大きく近づいていきます。

図7 自社とベンダーでは課題の範囲が異なる

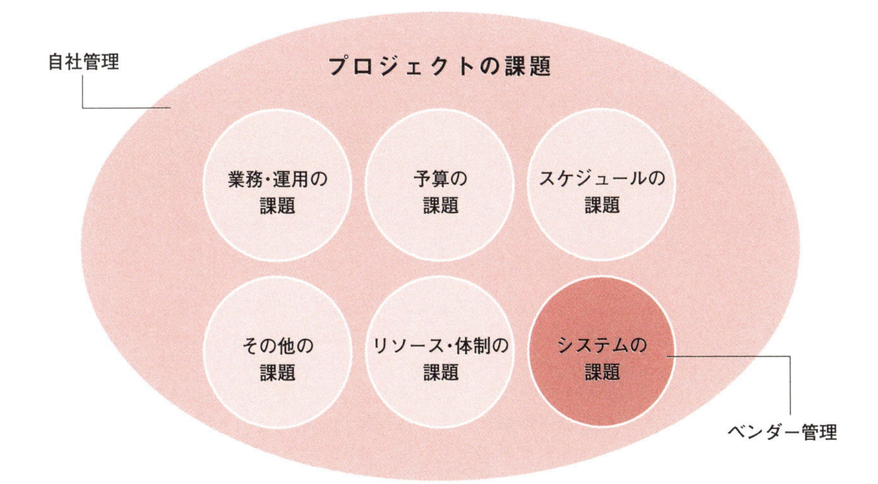

RULE
51 課題管理表はこう作る

課題管理表には様々なバリエーションがある

課題管理表は現場によって、フォーマットが異なります。やりたいことは一緒なのですが、項目や書き方にそれぞれ特徴があります。

課題管理表は課題を適切に管理するためのツールにすぎないため、管理さえできれば項目は自由に変えて構いません。以前はExcelが主流でしたが、最近ではクラウドサービス上での管理（チケット管理）も増えてきています。

使いやすいフォーマットを自社で確立し、運用していきます。

課題管理における代表的な項目を以下に解説します。

図8 代表的な項目の解説

項目	解説
タイトル	課題を一言でわかりやすく表現します。
分類	あまり細かく分類を定義すると後で管理しにくくなるため、ざっくりと分けておきます。どの視点で分けるかは自由です（以下例）。 機能別（受注／出荷／売上管理／入金／売掛……） 工程別（要件定義／基本設計／運用／外部連携／テスト……）
重要度	課題の重要度を「高／中／低」で表します。全体への影響が大きいものは「高」に設定し、状況を手厚く管理していきます。
ステータス	課題管理をする上でキーとなる項目です。「未着手／対応中／承認待ち／済み／取り下げ」で表します。「済み」「取り下げ」となったらグレーアウトします。
ステータス詳細	課題に対するネクストアクションと期限を明確にします。ここを細かく具体的に設定できるかどうかで、課題解決のスピードが決まります。
期限	その課題のデッドラインを設定します。期限が過ぎている場合は、表面化していない「課題が停滞する要素」が必ずあります。それを明確にした上で適切なネクストアクションを再設定します。

図9 課題管理表イメージ（代表項目のみ抜粋）

済みはグレーアウトする

タイトル	分類	重要度	懸案／課題内容	ステータス	ステータス詳細
マスター連携の方向とタイミング	外部連携	高	現行では、双方向にマスターデータを連携している。新システムでは会計システム⇒販売管理システムの一方向のみでよいか？	済み	[3/9] 経理部Aさんと合意済み
営業部門向けの週報・月報の廃止	営業	中	営業部門向けに提供していた週報、月報は廃止の前提でよいか？ 今回構築する統計分析システムで同様の情報を出せるようになるため。	済み	[3/11] 営業部Cさんに説明、合意済み。
伝票番号重複チェックの必要性	売上管理	低	取引先A社では先方システムの都合上、伝票番号が重複する場合がある（不具合と思われる）。重複しないよう改善してもらえないか。	対応中	[3/17] 営業部DさんからA社に打診する（期限3/20）
段階的導入の運用ルール	運用設計	高	次期システムの本稼働を拠点単位で段階的に導入していくが、その際の機能制限、運用ルールを明確にする。	対応中	[4/8]Eさんがたたき台資料を作成する（期限4/15）
マニュアル作成	運用設計	中	以下マニュアル作成の担当者未定。 ①システム操作マニュアル ②業務マニュアル	対応中	[4/8]FさんからGさんに依頼する（期限4/15）
売掛回収表の運用ルール	運用設計	中	販売管理システムから出力される「売掛回収表」の運用ルールが決まっていない。	未着手	

わかりやすいタイトルとする

ざっくりと分類する

ネクストアクションと期限を明記する

RULE 52 課題管理は進捗を聞くだけでは意味がない

課題が遅れると空気が悪くなっていく

週に一度の社内定例ミーティングで、課題の状況を確認しています。ベンダーに仕様提示が必要な課題について、A さんの進捗状況です。

「今週は業務の締め切りのため対応できません。来週やります」

A さんは別の部署のメンバーのため、管理者 X さんは指示をしにくいようです。急ぎの課題でしたが、仕方ないと諦めて次回に確認することにしました。

翌週に確認すると「今週はトラブル対応に追われていました」

その翌週に確認すると「すみません、なかなか時間が取れません」

結局、その課題は 1 か月全く進みませんでした。A さんも反省の色を示すものの、その課題には触れてほしくない様子でした。

回答が遅れたため、ベンダーは暫定仕様で設計を進めました。回答したときにはベンダーは製造に入っており、仕様変更扱いとなってしまいます。仕様変更をするには「追加費用」が発生します。X さんは A さんを厳しく批判し、A さんも反論しました。プロジェクトは空中分解の危機を迎えるのでした。

ネクストアクションを積み重ねる

プロジェクトを進めていくと、課題はどんどん増えていきます。10 件を超えるあたりから、全体スケジュールに影響が出てくるようになってきます。

皆さんはどのように課題管理を行っていますでしょうか？

課題管理は、定例会議で進捗を確認するだけではありません。進捗だけを確認して終わらせているようでは、必ず停滞する課題が発生します。

多くの課題を速やかに解決してこそ、課題管理と呼べます。いかに課題を止めている要因を排除し、状況を動かせるか。ここに知恵を絞ります。

まず、課題管理の基本ルールとして「ネクストアクション」を必ず設定します。ネクストアクションとは、その課題に対して「誰が次にどういった行動を起こすのか」を具体的に決めることです。具体的に設定することで取りかかりやすくなり、周りも手伝いやすくなります。

例えば「A業務の運用ルールが決まっていない」という課題で停滞していたとします。担当者に聞くと「誰に聞けば良いかすらわからない」という状況です。

そこでまず「A業務の課長に有識者を紹介してもらう」というネクストアクションを設定します。それをさらに分解して「プロジェクトマネージャーからA業務の課長にアポを入れる」と直近のネクストアクションを設定します。

有識者を紹介してもらった後は「その有識者にアポを入れる」となり、「その有識者と運用ルールの進め方を相談する」と次々に設定していきます。

いきなり大きな課題を考えると、解決が難しいものも出てきます。しかし、大きな課題を小さなネクストアクションに分解していけば、ひとつひとつはそれほど難しくはありません。そのネクストアクションに期限を設定することで「課題管理」は通常の「進捗管理」となっていきます。

個別に話を聞くと進む

ネクストアクションを設定して終わりではありません。問題ないと思われる課題は担当者に任せればいいですが、懸念のある課題については週1回の進捗確認では十分ではありません。個別に確認を行っていきます。

個別の確認にはメリットがあります。打ち合わせの場では話しづらい内容でも、個別であれば話しやすいということです。個別に確認すると、大抵は次のような原因で止まっています。

「コミュニケーションがとれない」「実はよく理解していない」です。

このような場合、本人は大勢がいる場では「忙しい」という理由でごまかします。周囲の目を気にするからです。

このようなときこそ、プロジェクトマネージャーの出番です。

コミュニケーションの場合は、面識がない人や仲が良くない人で止まっていることが多いため、間に入って調整を支援していきます。理解していない場合も、有識者を探してきたり、一緒に聞きに回ったりして、担当者が動きやすくするためのフォローは行えるはずです。

課題管理は、「実現可能なネクストアクション」の積み重ねで解決に至ります。もし止まっている課題があれば、ネクストアクションが適切かどうか確認してみてください。

2-4 マスターデータは自社の生死を分かつ

2-1 PJ計画 ＞ 2-2 要件定義 ＞ 2-3 課題管理 ＞ 2-4 マスター準備

● マスターデータはベンダーが作る？

マスターデータとは、システムが処理をする上で基本となるデータのことです。マスターデータは、企業が取り扱う基礎情報であり、様々な種類があります。

システムは自社の要求をもとにベンダーが作成しますが、マスターデータは自社の情報そのものです。よってベンダーに作ってもらうというよりは「自社が持っている情報を提供する」という位置づけになります。

● マスターデータを準備する方法

マスターデータの準備方法には、複数種類があります。どの方法を選択するとしても、ミスをしないよう細心の注意を払って行います。

①現行データの移行処理

現行システムのマスターデータを移行する方法です。最も確実な手段ですが、現行と全く異なる情報は移行できません。移行処理はベンダーに依頼することが望ましいですが、別途費用がかかります。

②データの一括取り込み

自社でエクセルデータやCSVデータを作成し、ベンダーに一括取り込みをしてもらいます。費用はほとんどかかりません。

③画面からのデータ登録

マスター登録画面が存在する場合は、ここから1件ずつ登録することが可能です。ただし、件数が多い場合は不向きです。ベンダーの作業は発生しないため、費用はゼロです。

図10 マスターデータの準備方法は複数ある

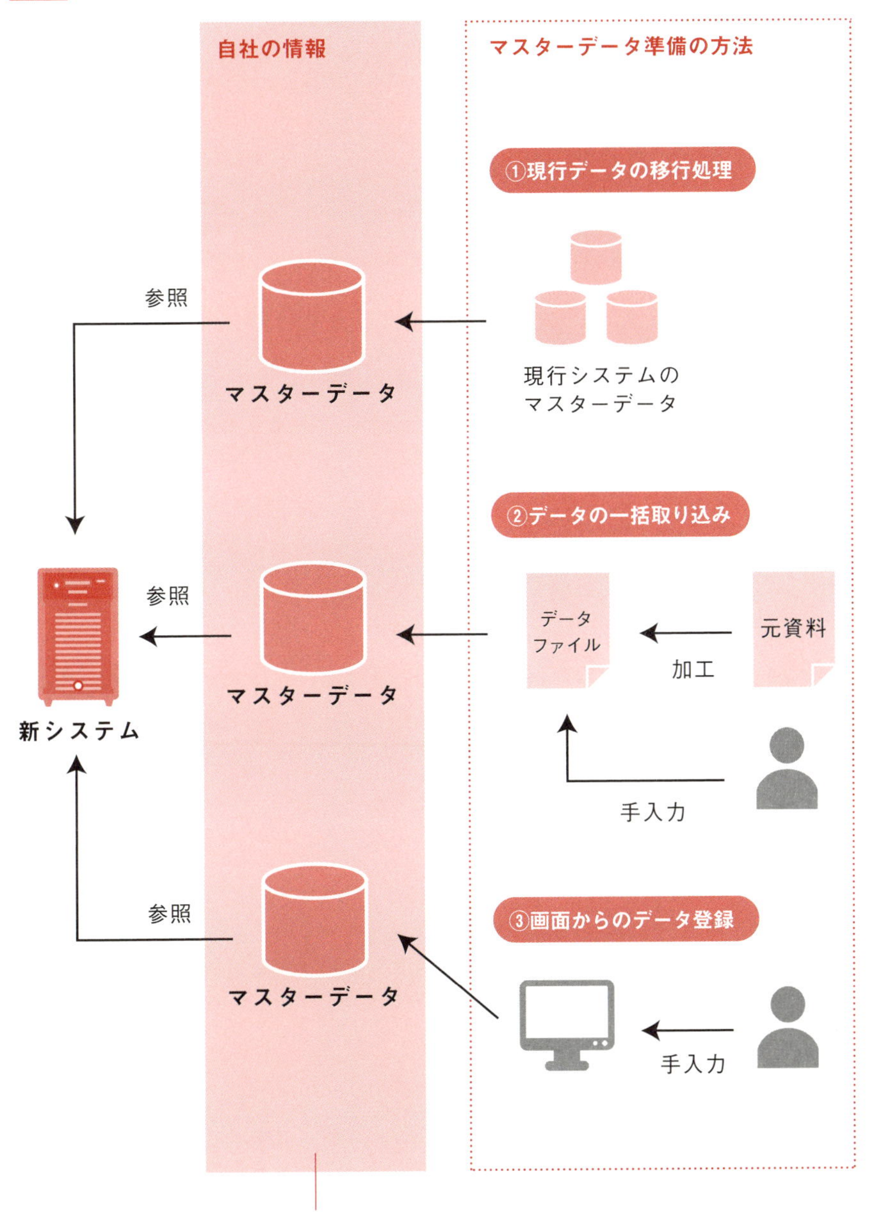

顧客マスター、請求先マスター、仕入先マスター、在庫場所マスター、店舗マスター、部門マスター、地区マスター、商品マスター、部品構成マスター、勘定科目マスター、契約マスター、カレンダーマスター、社員マスター、ユーザーマスターなど

RULE 53 マスターデータの手入力は最後の手段とする

本番障害で最も多い原因とは

「請求先の締め日を間違ってしまった」
「入金先の口座番号を間違ってしまった」
「消費税の集計単位を間違ってしまった」

システム稼働後の本番障害は、最も避けたい事象です。上記のような本番障害は、ある特定の原因で簡単に発生してしまいます。その原因とは何でしょうか？

それは「マスターデータの登録ミス」です。

システムは、マスターデータに従って処理を行います。システムに不備がなくても、どんなにベンダーが優秀であっても、マスターデータの登録をミスしてしまえば、簡単に本番障害は発生してしまうのです。

これはベンダーの責任ではなく、自社の責任となります。筆者はいろいろなプロジェクトを見てきましたが、この障害が最も多かったと断言できます。

手入力以外の手段を考えていく

マスターデータ作成は、スクラッチ開発であってもパッケージ導入であっても必ず発生する作業です。システムがいくら完璧だとしても、マスターデータが登録されていないとシステムは動きません。

そのマスターデータは、仮に100件登録してそのうち1件でもミスが発生すれば、大きな障害となってしまいます。マスターデータ登録は、極めて高い正確性が求められる作業ということです。

では、どのようにして登録ミスを防いでいけば良いのでしょうか？

原則として「手入力をしない」ということです。手入力は人の行為のため、ミスがつきものです。そのミスをする機会を極力減らすしかありません。

現実的には、全て手入力しないことは難しいかもしれません。それでも以下の優先順位で、手入力しない方法を考えていきます。

①ベンダーに現行データの移行を依頼する

現行システムからの移行が可能な場合、ベンダーに移行作業を依頼します。自社で実施するよりも、ベンダーが実施する方がミスは少なくなります。なぜなら、ベンダーは手入力を非常に嫌がるからです。プログラムを作ったり、ツールを利用したりして、ロジックでデータを作成しようとします。ベンダーはテストもしっかりと行うため、最も確実性が高いと言えます。ただしデータ移行の仕様は、自社から提示する必要があります。

②自社で現行データの移行を行う

現行システムからデータを簡単に抽出でき、データの加工が少ない場合は、自社で移行を行うこともできます。なるべく手作業を排除するため、Excel や Access などのツールを活用して、データ加工を行います。作成したデータは、アップロード機能があればその機能で登録し、なければベンダーに一括登録を依頼します。

③ Excel で作成し、一括取り込みを行う

現行システムからの移行が行えない場合、Excel などの台帳があればそのデータを加工して、移行データを作成します。全く移行データがない場合は、Excel によるデータ作成を考えます。Excel のメリットとしては「データのコピー＆ペーストがしやすい」「データを一覧形式で俯瞰できる」「第三者が検証しやすい」などが挙げられます。

手入力は最後の手段

何度も書きますが、画面入力はミスの可能性が高くなります。なぜ筆者がこだわるかと言えば、入力ミスによる障害を何度も見てきているからです。

マスターデータの作成は、手入力を最後の手段として考えます。

ベンダーに依頼することで費用は発生しますが、それで障害が防げるなら安いものだと言えます。ベンダーに依頼できないとしても、社内で手入力を排除する工夫を検討していきます。

マスターデータの作成は、失敗しないことが大前提です。そのためには、作成のプロセスから考えることが重要となります。

RULE

54 マスターデータは全件テストする

テストで防げなかった障害

あるプロジェクトでは、商品マスターデータを300件登録する必要がありました。現行システムには存在しないデータだったため、移行はできません。

「画面には入力チェックがあるからミスは防げる」

「最後はテストで確認するから大丈夫」

担当のAさんはこの方針のもと、スピード優先でひたすら登録を行っていきます。その結果、2週間かかると言われていた登録を1週間でやってのけました。

受入テストにおいて、Aさんの登録したデータが原因で、障害が多発します。しかし、テストでミスを見つけるのは想定の範囲内だったので「障害発生」→「マスターデータ修正」を繰り返しました。本番稼働を迎えるころには、データはかなり修正され、データの問題はなくなったと思われました。

本番稼働1か月後、取引先から次の問い合わせがありました。

「特定の商品について請求額がおかしい」

調べてみると、商品マスターの一部に誤りがあることがわかりました。なぜテストで発覚しなかったかを確認したところ「たまたまこの商品はテストしていなかった」という回答がありました。

入力チェックとテストでは限界がある

このケースで、Aさんの方針をあらためて検証していきます。

①画面には入力チェックがあるからミスは防げる。

画面の入力チェックでは、ミスを100%防ぐことはできません。

「必須項目に値が入っていない」「桁数オーバーしている」「存在しないコードが入力された」などは、システムでチェックが可能です。機械的にチェックできる部分は、設計時に積極的に盛り込んでいくべきです。

一方で「請求先の締め日誤り」「入金先の口座番号誤り」「税区分の誤り」などのミスは検知できません。データ形式上は問題なく登録できてしまうからです。しかし、その後に取引先からクレームが来て、大問題になります。入力チェックには限界があるということです。

②最後はテストで確認するから大丈夫

今回のケースにおいて、商品マスターのテストは「サンプリングテスト」で行っていました。テストの期間が短かったため、300件のうち、パターンを抜粋した50件をテストしたということです。

サンプリングテストは、テストの種類によっては非常に効果的です。限られた期間の中でテストを効率的に行うためには、欠かせません。

しかし、マスターデータの検証には不向きなテストです。300件のうち50件は確認できますが、残りの250件は確認していないことになります。この250件に間違いがあっても、不思議ではありません。

では、今回のケースはどのように対応すればよかったのでしょうか？

マスターデータは入力チェックで全てを確認できるとは考えず、300件登録したなら、300ケースのテストを実施すべきでした。

そもそもテストで確認する前提で「スピード優先でひたすら登録する」という考えも不適切です。この方法だと、テスト漏れがあった時点で障害が発生する可能性が高くなります。他のタスクの割り込みやスケジュールの圧縮で、テストボリュームが小さくなることは十分に考えられます。また、全件テストをしても、検証が不十分であれば、見過ごしてしまう可能性もあります。

「第三者に入力データをチェックしてもらう」など、入力時点である程度の品質を確保する方策も考えるべきでした。

全件テストをあらかじめ計画しておく

マスターデータの確認は「全件テスト」が原則です。

全件テストは、実際に行うには非常に大変です。テスト計画を後から立てても、期間や要員が足りないため計画倒れになることが多くあります。

そのため、全件テストは事前に十分な計画を立てておく必要があります。「対象となるマスター種類の選定」「テストの方法」を具体的にした上で「必要な要員と期間」をあらかじめ確保しておきます。

その上で、プロジェクト全体スケジュールにおいて、事前にそのスケジュールを明言しておくことが重要です。

第 3 章

ユーザー受入テスト～システム検収までのルール

企画～発注

要件定義～設計

受入テスト～検収

ユーザー教育～本稼働

運用・保守

3-1 システム検証の前にプロジェクト計画の仕切り直しをする

3-1 下流計画 | 3-2 受入テスト | 3-3 障害管理 | 3-4 品質管理

● ベンダーからバトンタッチ

システム導入プロジェクトにおける自社の下流工程とは、ベンダーのシステム構築が終わった後のフェーズのことを指します。

要件定義や設計、製造などの上流工程までは、実際に手を動かすのはベンダーでした。ところが下流工程では､実際に手を動かすのは自社が中心となります。特に「受入テスト」と「ユーザー教育」の負荷は高く、自社のリソースを計画的に配置して実施していくことが重要となります。

● 仕切り直しの必要性

作業主体が自社に移ってくるため、自社の進め方も変わってきます。

下流工程では、当初のプロジェクトメンバーだけではなく、関連部署も当事者としてプロジェクトに深く関わってきます。自社のタスクを受け持つメンバーが一気に増え、プロジェクト体制も大きく変わります。そのため、下流工程を開始する前にプロジェクト計画の仕切り直しを行います。

①役割分担表で関係者全員の役割を明確にする
② WBS で詳細なタスクスケジュールを明確にする

プロジェクトマネージャーは、社内の多くの関係者と調整を行い、進捗や課題を管理していくことになります。その調整の土台作りを､下流工程の開始時に行っておく必要があります。

図1 作業主体がベンダーから自社に移る

ベンダーが手を動かすフェーズ

要件定義 → 設計 → 製造

ベンダー

要件定義書を作る
設計書を作る
システムを作る

プロジェクト

調整する
課題を管理する
進捗を管理する

関連部署A

関連部署B

相談を受ける
質問に回答する

自社が手を動かすフェーズ

受入テスト → ユーザー教育 → 本番稼働

ベンダー

障害を調査する
バグを修正する

プロジェクト

調整する
課題を管理する
進捗を管理する
受入テストを行う
障害管理を行う
マニュアルを作成する
説明会を開催する
稼働判定を行う

関連部署A

関連部署B

受入テストを行う
障害の確認・調整を行う

RULE 55 下流工程の役割分担表で仕切り直しをする

忙しい現場にテストを頼めなかった

あるプロジェクトでは、新システムを1店舗だけ先行導入し、試験運用を開始しました。「少しぐらいは不具合があっても仕方がない」と覚悟していましたが、想像を上回るクレームがその現場から上がってきました。クレームの内容は共通しており「業務のパターンに対応できていない」ということです。

あまりにもクレームが多すぎたため、試験運用は3日でストップし、全面的に見直しを行うことになりました。

プロジェクト内で調査したところ「シナリオテスト」が不十分との結論になります。本来はエンドユーザー（現場担当者）がテストするところを、実際は情報システム部のメンバーが代わりに対応していました。業務に詳しくないメンバーがテストをしていたため、業務観点での確認が不十分だったのです。

なぜエンドユーザーが担当していないのか、経緯を確認しました。

「業務を抱えている中で最大限協力はしてもらっているのですが……」

「これ以上お願いすると揉めそうな雰囲気だったので……」

エンドユーザーに一部のテストはお願いしているものの、忙しいために全てのテストはお願いできなかったようです。毎月の業務ピーク時は現場がピリピリしており、会話さえも受けつけてもらえない状況だったとのことでした。

必ず事前に承認を得ておく

下流フェーズでは、受入テストやユーザー教育などで、関係者が一気に増えます。特に受入テストでは、エンドユーザーを巻き込み、業務観点でテストを行ってもらう必要があります。

一方でエンドユーザーは、通常業務を抱えています。そのため、直前にお願いしても業務優先で断られてしまいます。無理やりお願いしても、中途半端なテストとなるばかりでなく、関係性も悪化していきます。

スケジュールを挽回すべく、情報システム部門が代わりにテストを行おうとすると、さらに状況は悪化します。業務観点を持ち合わせていないメンバーがテストを「完了」としてしまったことで、業務観点でのテストを行う機会が失われます。その結果、本番稼働後に障害として表面化してしまいます。

下流フェーズをスムーズに進めるには、下流フェーズの役割分担表を作成し、事前に合意しておく必要があります。エンドユーザーに具体的なタスクを認識してもらい、スケジュールの確保を依頼します。またエンドユーザーの部門長にも承認を得て、部門としての協力体制を取りつけておきます。

テストが始まって、忙しくなった後では手遅れです。その前にプロジェクトマネージャーは、関係者に根回しを行う必要があります。

図2 下流フェーズの役割分担表サンプル

工程	作業内容	担当部門				担当者	説明
		A部門	B部門	情シス	ベンダ		
受入テスト	新システムの疎通確認			○		Aさん	システム上の設定を行い、新システムが立ち上がることを確認する。
	機能確認テスト	○	○			Bさん	要件一覧の各機能のテスト計画・テスト実施を行う。
	外部連携テスト（Xシステム）	○				Bさん	Xシステムから新システムへのデータ連携のテ…実施を行う。
	外部連携テスト（Yシステム）		○			C…	…システムへのデータ連携のテ…実施を行う。
	外部連携テスト（Zシステム）			○		Aさん	新システムからZシステムへのデータ連携のテスト計画・テスト実施を行う。
	シナリオテスト（Aサービス）	○				Dさん	Aサービスの業務フローに沿って、打刻、申請、承認、締め、給与連携の流れを確認する。
	シナリオテスト（Bサービス）		○			Eさん	Bサービスの業務フローに沿って、打刻、申請、承認、締め、給与連携の流れを確認する。
	シナリオテスト（Cサービス）	○	△			Dさん	Cサービスの業務フローに沿って、打刻、申請、承認、締め、給与連携の流れを確認する。
	現新比較テスト（Aサービス）	○				Dさん	現行システムと新システムの給与連携データが一致することを確認する。
	現新比較テスト（Bサービス）		○			Eさん	現行システムと新システムの給与連携データが一致することを確認する。
	現新比較テスト（Cサービス）	○	△			Dさん	現行システムと新システムの給与連携データが一致することを確認する。
ユーザー教育	システム操作説明会				○	ベンダー	新システムの各機能の操作方法を説明する。説明会資料作成も含む。
	業務運用説明会	○	○	△		Bさん	新システムに伴う業務運用方法について説明する。説明会資料の作成も含む。
	システム操作マニュアル			△	○	ベンダー	システム操作マニュアルを作成する。
	業務マニュアル	○	○			Bさん	業務マニュアルを作成する。
品質管理	課題管理表の管理	○		△		Aさん	社内の課題管理表の状況管理、トレースを行う。
	ベンダーテスト結果レビュー	△		○		Aさん	…ト結果のレビュ…
	ベンダー品質報告レビュー	△		○		Aさん	…質報告書のレビュ…
	受入テスト障害管理表の作成・管理	○		△		Aさん	障害管理表のひな形作成、障害の状況管理、トレースを行う。
	受入テスト障害管理表の起票	○	○	○		全員	障害管理表に障害内容を記入し、起票する。
	受入テスト障害管理表の回答				○	ベンダー	障害管理表の起票に対する回答を記入する。

RULE 56 本物の管理者かどうかはWBSの扱いでわかる

失敗プロジェクトで見られる管理者のプレッシャー

受入テストで佳境を迎えているプロジェクトでのやりとりです。

(管理者)「なぜこのタスクは遅れているんだ？」
(A さん)「それは突発で XX タスクが発生したからです」
(管理者)「だからって遅れて良い理由にはならないだろ！」
(A さん)「XX タスクはベンダーが原因で、想定外です」
(管理者)「言い訳はいらない、とにかく遅れを何とかしろ！！」
(A さん)「……」
(管理者)「こんな状態なのに最近帰るのが早すぎるんじゃないか？」
(A さん)「……」
(管理者)「何かあったらすぐ相談に乗るから、すぐに報告しろ！」
(A さん)「……」

このプロジェクトでは、管理者（プロジェクトマネージャー）であるＰさんが担当者のスケジュールを全て管理し、日次で報告させていました。報告に遅れがあると、すぐに「対策会議」を夜に開催します。対策とは言うものの、実際はＰさんが一方的に担当者を怒り続ける、というものでした。

Ｐさんは「自分がしっかり面倒見ないと、プロジェクトは進まない」との危機感があり、徐々にそのプレッシャーは強くなっていきます。しかしＰさんの努力もむなしく、プロジェクトはさらに遅れがひどくなっていくのでした。

面従腹背はプロジェクトを転覆させる

下流フェーズは細かいタスクが膨大にあり、変更も頻繁に発生します。今まで接点のなかった他部署のメンバーも加わり、プロジェクトは佳境を迎えていきます。WBS で管理するタスクは、一気に増えます。

例えば「システム操作説明会」を詳細化してみます。「会場の手配」「参加者の日程調整」「機器の手配」「ネットワーク環境の確認」「テスト環境の準備」「講師の手配」「説明会シナリオのすり合わせ」「アジェンダ準備」など必要なタスクが芋づる式に発生していきます。他のタスクに対しても、同様に行っていかなければなりません。考えただけでも気が遠くなる作業です。

下流フェーズの WBS はカオスです。事前に考慮できなかったタスクや突発的に発生した障害などで、小さな遅れが発生することは日常茶飯事です。

遅延が発生したとき、管理者はどうするべきでしょうか。感情に任せて担当者にプレッシャーをかければ、問題は解決するのでしょうか？

担当者の立場で考えてみます。担当者は、怒られるだけ損をするので、遅延があっても報告しなくなります。表面的には良い報告だけをするので、管理者は問題に気づけなくなっていきます。信頼関係が壊れていくので相談もなくなります。

さらに状況が悪化すると、担当者同士は影で管理者の悪口で盛り上がるようになります。管理者が席に座っているときだけ頑張り、席を外すとダラダラと私語が多くなっていきます。管理者は常にプレッシャーをかけ続けないといけない状況に陥り、プロジェクト全体で悪循環に陥ります。

管理者は他にやるべきことがたくさんある

では遅延が発生したとき、管理者はどうするべきでしょうか。

「このタスクが遅れそうだ。死守するためには何をすべきか？」を考えていくと、管理者のやることはたくさんあります。関連部署への根回し、ベンダー営業への改善の申し入れ、スケジュールやアサインの見直し、リスクに対する対応策などなど、担当者にプレッシャーをかける暇などないはずです。

例えば、担当者から「期限が厳しい」と相談を受ければ、メンバーを増員する、方針を変える、関係者にフォローを依頼する、等の調整を行います。相談に対して適切に対処していけば、担当者との信頼関係が構築され、さらに相談を受けるようになってきます。管理者に情報が多く集まるため、遅れの兆候を事前に察知し、早めに手を打つことも可能となります。

管理者は、プレッシャーをかけることが仕事ではありません。プロジェクト全体の雰囲気が悪くなっていくだけで、良いことは何もありません。そのような管理者は、自分自身で「管理手法の引き出しがない」と言っているようなものです。

WBS の扱い方１つで、各担当者の積極性を引き出し、プロジェクトを成功に導けるかどうかが問われています。

RULE
57 管理者も仕様から逃げない

仕様から逃げる管理者

(A さん)「商品 X の割戻し処理の端数計算に問題があり……」
(管理者)「細かい仕様を言われてもわからない、わかるように説明して！」
(A さん)「ウチから提示した仕様に誤りがあって本来の仕様は……」
(管理者)「時間がないから 30 秒で説明して！」
(A さん)「……ベンダーと仕様調整中のため遅れています」
(管理者)「いつわかったの？」
(A さん)「先週の水曜日です。その後調査していました」
(管理者)「なぜすぐに報告しないんだ！　だから遅れるんじゃないか！」
(A さん)「……」

このプロジェクトでは、最初に自社から提示した仕様に誤りがあり、受入テストで発覚しました。ベンダーは仕様変更だと主張し、揉めています。管理者も間に入って調整したいのですが、細かい仕様を全く理解できていません。

結局 A さんに解決をゆだねたものの、状況は進展しません。その後もいろいろな仕様調整が遅れ、プロジェクトは暗礁に乗り上げてしまいました。

管理者も仕様理解は必要

受入テストでは、このように細かい仕様部分でベンダーと多くの調整が発生します。ベンダーのバグであれば作り直してもらうだけですが、自社の提示した仕様が間違っている、というケースも多いものです。

担当者は「この人に相談してもムダ」と思えば、一切相談しにいきません。管理者に相談がいかなければ、プロジェクトは問題が増えていくばかりです。

「全部に深く首を突っ込む時間なんてあるわけない！」
という反応は当然あるでしょう。管理者にはやるべきことがたくさんあります。予算管理、承認決裁、来客対応、隙間のない会議出席、膨大なメール処理、トラブル対応、上層部からの急な指示などなど、それだけでも時間が足りません。忙しくない管理者などいるわけがありません。

しかし、仕様の問題を全て担当者に丸投げして解決するのでしょうか？

管理者は、全ての仕様に精通する必要はありません。それはどんな管理者でも不可能です。ここで問われているのは、管理者の姿勢です。担当者が困っているときに、相談に乗れるだけの知識を持ち合わせているか？ということです。きちんと状況を理解できなければ、適切な助言はできないからです。

担当者の話をきちんと聞くと「この部署に相談すれば良い」「一度関係者を集めてミーティングを開こう」「そもそもこの仕様はこだわらなくてもいいんじゃないか」とすぐに解決できるものばかりです。

担当者は、自分ひとりで解決しようとする傾向にあります。管理者は、客観的に話を聞くことができます。管理者に求められるのは、担当者とは別の切り口から助言することです。最低限の仕様理解さえあれば、仕様以外のアドバイスは簡単に行えるはずです。

そのためには、管理者にもある程度の仕様を覚える努力が必要なのです。

管理者の姿勢がプロジェクトを動かす

プロジェクト後半は、仕様の細かな問題が山積みです。問題が発生している傍から別の問題が次々と発生していきます。しかも全部クリティカルで、後回しにできないものばかりです。管理者は担当者から相談を受け、即時に問題をさばいていく必要があります。

だからといって、全ての問題に深く首をつっこみ、いつも長い時間相談に乗るべき、と言っているわけではありません。そんなことをするとパンクします。実際にそのような管理者を見たこともありますが、その人がボトルネックになって遅延を引き起こしていました。パンクしないギリギリのところで時間を割く、そのバランス感覚が求められます。

管理者のそのような姿は、担当者の力をさらに引き出します。プロジェクトを引っ張るのはプレッシャーではなく、管理者の姿勢ではないでしょうか。

そもそも忙しいのは管理者だけではありません。担当者も同じぐらい忙しいのです。担当者も全く知識のない人に相談する暇はありません。

仕様理解のない管理者に限って「相談に来ない」と嘆きます。しかし相談に来ない状況を作り出しているのは、他でもない本人なのです。

3-2 納品されたシステムを自社責任で徹底的に検証する

3-1 下流計画 → **3-2 受入テスト** → 3-3 障害管理 → 3-4 品質管理

● ベンダーから提供されたシステムは完全ではない

受入テストとは、ベンダーから納品されたシステムを検証することです。自社が提示した要件が全て盛り込まれているかを、実際にシステムを動かして確認していきます。

受入テストを進めていくと、不具合や想定と異なる動きをすることがたびたび発生します。その都度ベンダーと話し合い、解決方法を調整していきます。

自社の受入テストでシステムが問題ないことを確認できたら、本番稼働に向けて準備を進めていくことになります。

● 受入テストが最後の砦(とりで)

受入テストで自社がOKを出すということは「品質に問題ない」とベンダーに回答をすることです。受入テストでは様々な不具合が発生しますが、ここで発見できなかった不具合はどうなるのでしょうか？

本番稼働後に障害となり、大きな問題に発展します。

いかに障害を発見し、修正できるか。自社としてあらゆる観点からシステムを検証し、問題ないかどうかを確認していきます。

受入テストは、自社の労力と時間を大量に必要とします。しかし、要求を出した自社が、最後に確認をするのは当たり前のことです。ここで確認を怠れば、後で自分たちがもっと苦しくなるだけです。

受入テストで不具合が発見できなかったら、ベンダーだけでなく自社にも落ち度があるということです。システムを検証する最後の砦として、自社は責任を持ってテストを行っていきます。

図3 受入テストで障害を発見できないと後悔する

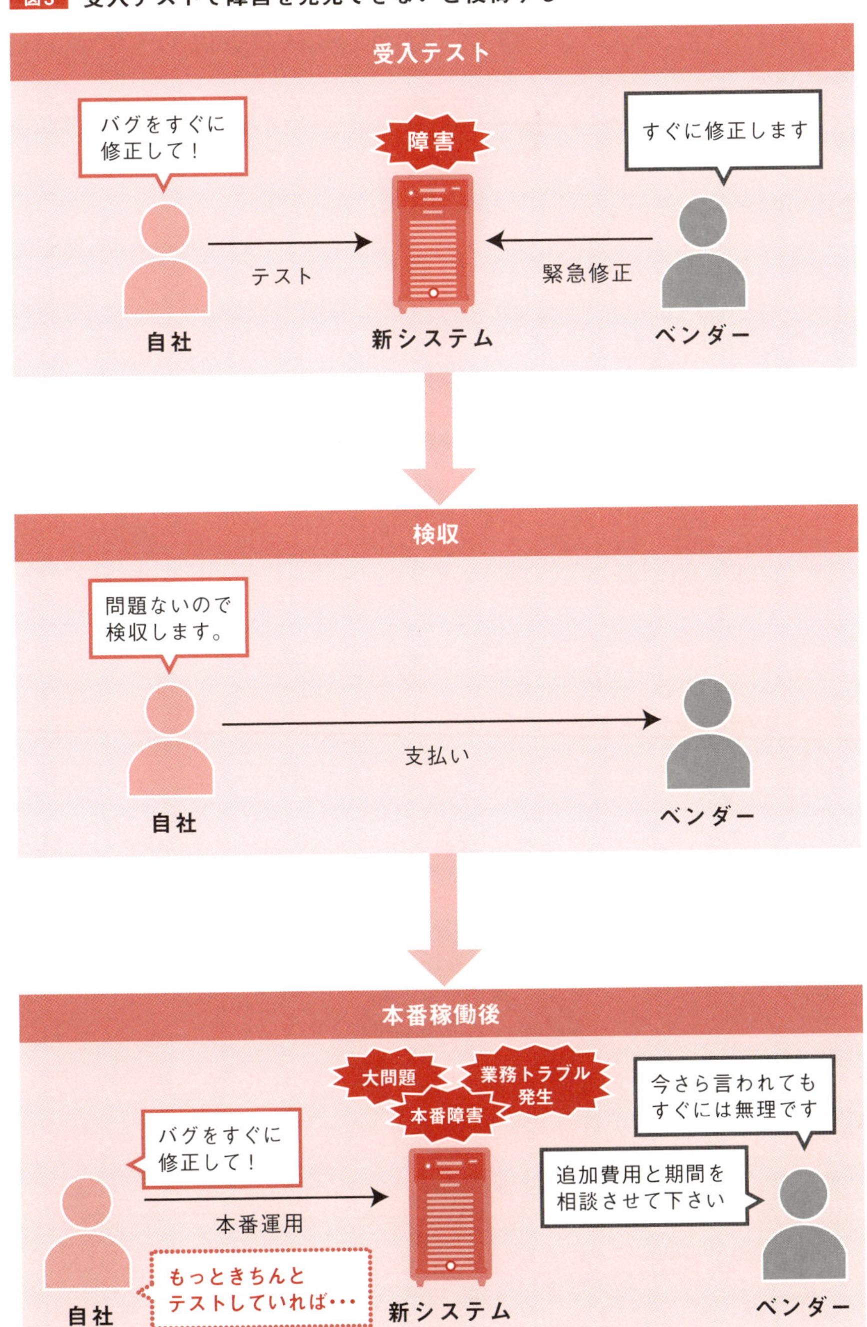

第3章 ユーザー受入テスト～システム検収までのルール

RULE 58 受入テストをカオスにしないために

下流フェーズはカオス

リーダーのAさんは、受入テストでシステムを検証しています。

検証では、多くの障害対応に追われています。障害管理表にバグの内容を記録し、ベンダーに修正を依頼します。毎日夕方にベンダーと障害の認識合わせを行い、ベンダーの対応状況を確認しています。最近は障害が多発しているため、ベンダーに改善要求も出しました。

シナリオテストを依頼しているユーザー部門からは、仕様の問い合わせで電話が殺到しています。あまりにも業務の専門的な話のため、理解が追いつかず、ユーザーへの未回答は増えていきます。

テストで使うマスターデータは、Aさんが突貫で作成しました。作成ミスが多いため、修正依頼が後を絶ちません。

一方で、システムの操作マニュアルは全く着手できていません。システム説明会も、日程調整を先延ばしにしています。

今度はベンダー営業から電話が来ました。

「当初の仕様と違うので、追加費用を相談させてください」

追加費用を払うわけにはいかないため、連日のように調整会議を開き、ベンダーと落としどころを探ります。

テスト期限は明日に迫っていますが、まだ30%しか消化できていません。マニュアルも説明会も目途が立っていません。ユーザー部門からの問い合わせも溜まっており、運用課題も山積みです。本番稼働日を延期させる調整もできていません。Aさんは途方に暮れるのでした。

受入テストは必ず具体的に定義する

なぜAさんはこんなにも苦しいのでしょうか？

いろいろな理由がありますが、最も大きな理由は、WBS上で下流フェーズのタスクを具体的に計画できていなかったことです。

Aさんは「受入テスト」を1本の線で1か月引いていました。並行して「ユーザー教育」という線も同じように1本で引いています。

問題は「この1か月という期間に根拠があるか？」という点です。

まず、受入テストには「機能テスト」「システム間連携テスト」「シナリオテスト」「現新比較テスト」と4種類があります。それぞれで、かなりの時間と労力を必要とします。

また、テストを自身で行ったことのない人は、テスト期間を短く見積もる傾向にあります。テストを「システムを操作する時間」とイメージするからです。実際は「テスト計画書の作成」「有識者のレビュー」「環境準備」「テストデータ準備」「テスト結果の検証」「障害発生時の調査」「ベンダー調整」など多くの作業が発生します。

これらを想定せずに期間を設定するとどうなるか……ということです。テストをやればやるほど遅れが発生していきます。

WBSは、タスクを詳細化して管理できるメリットがあります。

まずは「受入テスト」「ユーザー教育」を上記の粒度で、必要なタスクを全て洗い出し、期間と担当者を割り当ててみます。次に、一部の担当者に現実的でない多重度や期間が設定されている部分を調整します。

それら調整が終わり、タスクを積み上げた期間が「受入テスト」「ユーザー教育」に必要な期間となります。

冒頭のAさんは、その後テスト期間を延長し、プロジェクトとしても総力を挙げてテスト体制を組み直しました。テストが無事に完了したのは、当初予定から2か月後でした。つまり、当初の1か月と追加の2か月を合わせた3か月が適切な期間だったということです。

詳細化されたWBSで乗り切る

受入テストはカオスです。WBSできちんとタスクを定義できていなければ、必ずパニックになります。自分たちが進んでいるのか遅れているのかすら、麻痺(まひ)してきます。そして期限ギリギリになって終わらないことに気づいても、もはや手遅れとなります。

受入テストでは、必ずWBSでタスクを詳細に定義します。その詳細化した計画にもとづき、総力戦で挑むしかありません。

RULE 59 受入テストは4種類で計画する

自社のテストは必要ない？

「ベンダーが全部テストすればいいんじゃないですか？」

よくいただく質問です。ベンダーは膨大な量のテストを行っています。もう自社でやる必要がない、と考えるのも無理はありません。

ベンダーと自社のテスト観点を考えてみます。

ベンダーはシステムの観点で「設計書通りに動くか」をテストしています。一方、自社では業務の観点で「運用が回るか」をテストします。つまり同じテストであっても、目的が全く異なります。

システムの規模が大きくなるほど、受入テストはやればやるだけ不具合が見つかります。半分はベンダーのバグですが､残り半分は自社のミスと言えます。「要件提示ミス」や「マスターデータ作成ミス」など、とてもベンダーの責任にはできないものも多く見つかります。

受入テストで不具合を見つければ、ベンダーは自社のミスであっても前向きに対応してくれます。しかし本番稼働後に発覚すると、追加費用が発生し責任も追及されます。それでも「自社のテストは必要ない」と言えるでしょうか？

受入テストは4種類必ず行うこと

「受入テスト」は、各現場によって定義や呼び方は異なりますが、おおよそ右の表の通り4種類に集約されます。

テスト期間が短い場合でも、この4種類は必ず行うようにします。それぞれ目的が異なるため、1つでも欠けると品質も欠けてしまいます。様々な切り口でテストするからこそ、品質を担保できるのです。それが本稼働後の障害を防ぐことに繋がります。

テスト種類を省略することはできませんが、工夫はできます。重要度や状況に応じて、テストボリュームを調整していきます。ベンダーにテスト協力をお願いすることもできます。必要なテストを削るのではなく、どうやって効率的に実施するかを考えていきます。

図4 受入テスト種類

機能確認テスト	
目的	要件定義で定めた機能一覧がすべて網羅されているかを確認します。
説明	ベンダーからシステムを提供されて、最初に行うテストです。まずは大枠で機能単位に漏れがないかを総点検します。ベンダーは細部に気を取られ、大枠の考慮に欠けることがあるからです。機能確認テストでは業務の流れは特に意識しないため、取りかかりやすいテストと言えます。機能を部品として捉え、1つずつチェックしていきます。
システム間連携テスト	
目的	新システムと連携するシステムとの間で、データ連携に問題がないことを確認します。
説明	システム間連携テストは、ベンダーのテストと思われがちですが、自社主管のテストです。なぜなら、システム間連携は自社の他部門とのデータのやりとりだからです。実際にデータを連携してみて、問題ないかを確認します。
シナリオテスト	
目的	実際の業務の流れを再現し、問題なく運用ができるかを確認します。
説明	ベンダーにとって、最も不足しているテストです。実際の現場目線でテストができるのは、自社のエンドユーザーだけだからです。業務の流れを具体的に設定した「シナリオ」をもとに、テストを実施します。点ではなく線で捉えるテストです。
現新比較テスト	
目的	現行システムと新システムの出力結果を比較し、一致することを確認します。
説明	受入テストで最重要となるテストです。新システムを漠然とテストしていてはまず見つからない不具合も、現行システムと「答え合わせ」を行うことで、細かい不具合まで検出可能です。全件テストを行うことで、自社が登録したマスターデータの不備も全て検出できます。この検証でOKとなれば、現行機能は担保されたと言えます。

RULE 60 機能確認テスト項目書はこう作る

機能単位でエアポケットが発生する

「あれ？　この機能はどうするか決着してないかも……」

機能確認テストの項目書を作成しているときのことです。調べてみると、要件定義でベンダーが構築する機能として確定したものの、その後議論が全く行われていないことが発覚しました。

ベンダーに問い合わせしてみると、ベンダー側も完全に漏れていたとのことです。至急ベンダーは対応するとともに、自社も当機能の仕様検討チームを急きょ結成するのでした。

最初に実施するのが機能確認テスト

自社の受入テストで、最初に行うものが機能確認テストとなります。要件定義フェーズ、設計フェーズでベンダーと合意した内容がシステムに搭載されているかを「機能」単位で確認します。

まずは広く浅く、システムをざっと確認する意識で行います。機能単位で、ベンダーが作成漏れしていることも珍しくありません。自社が要求漏れしている可能性もあります。

漏れは早期に対処することで、大きな問題になることを防ぎます。ベンダーへの要求は、後になればなるほど困難になっていきます。逆に早めに言っておけば、ベンダーは快く引き受けてくれるものです。

要件一覧を流用して作る

テスト項目書を作る際は「要件機能一覧」を流用して作成します。ほぼコピーして使えるため、作成の手間を省くことができます。

要件機能一覧に沿ってテストを行うことで、まずは要件定義のスコープを一通り確認できます。大きな漏れや認識相違がないことを確認することで、シナリオテストなど後続のテストで大幅な手戻りを防いでいきます。

図5 機能確認テスト項目書のイメージ

分類	要求事項	テスト項目	期待結果	結果
請求	自社の請求書フォーマット50種類に対応する	フォーマットNo.01で出力される	請求画面の「出力」ボタン押下後、フォーマット01で出力される	OK
		フォーマットNo.02で出力される	請求画面の「出力」ボタン押下後、フォーマット02で出力される	OK
		:	:	OK
		フォーマットNo.50で出力される	請求画面の「出力」ボタン押下後、フォーマット50で出力される	OK
	自社の10種類の経費を自動計算する	物流費が自動計算される	請求処理後の経費欄に「物流費」が正しい金額で計上される	OK
		振込手数料が自動計算される	請求処理後の経費欄に「振込手数料」が正しい金額で計上される	OK
		:	:	OK
		事務手数料が自動計算される	請求処理後の経費欄に「事務手数料」が正しい金額で計上される	OK
入金	自動消込処理を行う	自動消込される（1伝票）	入金バッチ後に1取引先1伝票で消込されていること	OK
		自動消込される（複数伝票）	入金バッチ後に1取引先複数伝票で消込されていること	NG
		自動消込される（一部消込）	入金バッチ後に1取引先複数伝票で一部の伝票のみ消込されていること	OK
		:	:	

要件機能一覧から流用する（分類・要求事項）

テスト項目書に必要な項目を右側に追加していく（テスト項目・期待結果・結果）

RULE 61 システム間連携テスト項目書はこう作る

相手のある難しいテスト

システム間連携の障害は、よく起きる障害の1つです。なぜなら、いくら自分たちのシステムに問題がなくても、相手のシステムに問題があれば簡単に障害となってしまうからです。

障害の性質としては、ベンダーによるプログラムのミスは少なく、両システムの認識相違による不整合が多いと言えます。相手もこちらも正しいと思って作り込んだ後なので、調整にも時間がかかります。

要件定義や設計フェーズでは、早期に確認する目的でサンプルデータによる疎通確認を行っていました。

一方、システム間連携テストでは、必ずシステムから出力されたデータでテストを行います。手で作成したサンプルデータでは問題は発生せず、実際の出力データでは障害が発生する、というのは起こりやすいケースだからです。

正しく連携されるための確認は多岐にわたる

一言で言えば「正しくデータ連携されること」と簡単に聞こえますが、それを検証するためには以下のように各観点で検証が必要です。

①正しいフォルダに正しいファイル名で置かれているか
②取り込みタイミングは適切か
③取り込み時のエラーチェックは正しく行われるか
④取り込み時の新規追加と上書きの制御は正しいか
⑤各データ項目は正しくセットされるか

これらをテスト項目書に落とし込み、それぞれ確認していきます。全て合格して初めて「正しく連携される」ことを確認できたと言えます。

特に⑤は、データ項目ごとに条件分岐を網羅して、検証する必要があります。この部分はテストが大変ですが、障害が起きやすい部分のため省略はできません。

図6 システム間連携テスト項目書のイメージ

分類	テスト項目	期待結果	結果
ファイル認識	ファイル名を正しく認識し、当月データのみ取り込まれるか	データが取り込まれ、ファイルはログフォルダに移動すること。ログファイルに「取込完了」メッセージが出力されていること	ＯＫ
	ファイル名を正しく認識し、当月以外のデータは取り込まれないか	当月以外のファイルは指定フォルダに残ったままとなっていること	ＯＫ
自動取り込み	5分おきに自動取り込みされるか	データが取り込まれ、ファイルはログフォルダに移動すること。ログファイルに「取込完了」メッセージが出力されていること	ＯＫ
データエラーチェック	必須項目がNullの場合、エラーとなること	ファイルは指定フォルダに残ったままとなっていること。ログファイルに「必須項目Nullエラー」メッセージが出力されていること	ＯＫ
	処理フラグが1,2以外の場合、エラーとなること	ファイルは指定フォルダに残ったままとなっていること。ログファイルに「フラグエラー」メッセージが出力されていること	ＯＫ
取り込みレコード	全件正常レコードの場合、全件取り込まれること	ログファイルに10件正常レコードの取り込み成功したログが残ること	ＯＫ
	1件エラーレコードが含まれる場合、そのエラーレコード以外が取り込まれること	ログファイルに9件正常レコードの取り込み成功と1件エラーレコードの取り込み失敗したログが残ること	ＯＫ
	複数エラーレコードが含まれる場合、そのエラーレコード以外が取り込まれること	ログファイルに5件正常レコードの取り込み成功と5件エラーレコードの取り込み失敗したログが残ること	ＯＫ
取り込み反映	新規レコードの場合、追加挿入されること	顧客マスタに新規登録されること	ＯＫ
	既存レコードで更新があった場合、上書き更新されること	顧客マスタに上書き更新されること	ＯＫ
データセット仕様	取り込みデータのセット内容が正しいか	新システムにデータマッピング通りにセットされること（別紙「データマッピング」参照）	ＯＫ

大きな観点で分類した後に、テスト項目でパターンを細分化していく

データセットはパターンが多いため、別紙で専用シートを作成する

RULE 62 シナリオテスト項目書はこう作る

シナリオはエンドユーザーしか作れない

シナリオテストとは何でしょうか？

皆さん何となくイメージしているようですが、いざ作ろうとするとピタッと手が止まってしまいます。

シナリオは脚本という意味です。シナリオテストとは「特定の脚本通りに業務を進められることを検証する」というテストです。

シナリオテストは、実際の業務の流れを再現していきます。そのため、シナリオは実際の業務目線で設定します。例えば、勤怠管理システムであれば「社員ごとの出退勤打刻〜給与支払いまでのシナリオ」、販売管理システムであれば「取引先ごとの受注から入金までのシナリオ」を設定していきます。

シナリオテストは現場業務を忠実にトレースしていくため、エンドユーザーにしかできません。システム部など他部署では無理です。ベンダーはさらに不可能です。ベンダーがいかに大量のテストを行っていても、このテストだけはエンドユーザーが実施する必要があります。

一覧と詳細シナリオで構成する

シナリオテスト項目書は大きく2種類で構成されます。パターン網羅を確認する「シナリオパターン一覧」と実際の「シナリオ」です。

①シナリオパターン一覧

縦軸に「機能」、横軸に「シナリオ対象」を定義したマトリックスで表します。まずはマトリックスの枠を作成し、次に該当する項目に"○"をつけていきます。機能のどこかに"○"がつくように、シナリオ対象を選定する必要があります。

マトリックスにしている利点は「パターン網羅を俯瞰できる」ということです。最初からシナリオに着手してしまうと、詳細に注意が行ってしまい、全体のパターン網羅の意識が弱くなります。そのため、まずはこの一覧で網羅性を確認し、その次にシナリオを詳細化していきます。

②テストシナリオ

シナリオパターン一覧の１列ごとに、詳細なシナリオを作成します。手続きを時系列で詳細化し、想定する時間軸も表現します。その１列で"○"がついている機能を確認できるように、シナリオ内容を調整していきます。

できる限り本番データでテストする

シナリオテストは、なるべく本番のデータに近い形で行います。

例として、販売管理システムで考えてみます。シナリオ単位は取引先となりますが、できる限り本番の取引先データを準備します。売上データも、その取引先の金額を再現します。実際の取引先のイメージを持ってテストを行うことで、検証精度が高くなるからです。

「この取引先は締め後に変更が多いから、その場合は～」「この取引先は発注データを２回に分けて送ってくるから～」など具体的なシーンを想定しながらテストを行うことができます。

業務イメージを明確に持ってテストするからこそ、仕様の考慮漏れに気づくことができます。ベンダーの視点では決して発見できなかった不具合が「業務」という切り口でテストを行うことで初めて見えてきます。

新システムで現場業務が回せるか。

これはまさに、エンドユーザーにしかできない重要なテストと言えます。そのためには、実際の担当者が現場業務を忠実に再現していくしかありません。ノーマルパターンだけでなく、イレギュラーパターンも網羅的に確認していきます。

現場の「システム満足度」は、このシナリオテストを効果的に実施できるかどうかにかかっています。

図7 シナリオパターン一覧のイメージ

業務分類	機能	取引先名				
		A社	B社	C社	D社	E社
受注	受注データ取込	○			○	○
	受注データ入力		○	○		
	受注内容変更				○	
	出荷数量変更					○
	受注内容確認	○	○	○	○	○
	受注確定	○	○	○	○	○
出荷	出荷帳票出力	○	○	○		
	数量変更				○	
	出荷ロット情報入力			○		○
	出荷確定	○	○	○	○	○
売上管理	エラーチェック	○	○			
	売上明細照合			○		
	売上明細修正			○		
	返品入力			○	○	
	出荷確定データ連携			○		○
	確認帳票出力			○		○
請求	請求前チェック	○		○		
	請求金額計算	○	○	○	○	○
	請求内容確認	○		○		
	請求書発行承認	○	○	○	○	○
	請求書発行	○	○	○	○	○
	請求取消				○	
売掛管理	入金予定情報取込	○		○		
	入金予定情報入力	○	○	○		
	入金状況チェック	○	○	○	○	○

機能を網羅する

○が必ずどこかにつくようにテストシナリオを作成する

この縦1列が1シナリオになる

図8 テストシナリオのイメージ

日付	オペレーション		結果
2/27	受注・出荷	受注伝票取込（2月分）	OK
	受注・出荷	出荷後受注入力 返品伝票入力	OK
	売上計上	売上計上	OK
	受注・出荷	出荷確定データ作成	OK
	受注・出荷	出荷後受注修正 返品伝票修正	OK
	売上計上	売上計上	OK
3/2	請求	請求処理 ＜2/29締＞	
	請求	請求書作成	
	請求	売掛仕訳データ作成	
3/3	請求	オンライン請求データ送信	
	請求	請求承認	
	請求	売掛残高データ作成	
3/5	入出金	入金予定自動生成 ＜2/29締＞	
	売掛管理	自動入金予定照合	
	売掛管理	手動入金予定照合	
3/8	入出金	入金データ取込＜12/31締＞	
	売掛管理	入金照合 ＜12/31締＞	
3/16	受注・出荷	出荷後受注入力（2月分）	
	受注・出荷	出荷済伝票修正（2月分）	
	受注・出荷	返品伝票入力（2月分）	
	受注・出荷	返品伝票修正（2月分）	
3/27	受注・出荷	受注伝票取込（3月分）	
	受注・出荷	出荷後受注入力返品伝票入力	
	売上	売上計上	
4/3	請求	請求処理 ＜3/30締＞	
	請求	請求書作成	
	請求	売掛仕訳データ作成	
4/4	請求	オンライン請求データ送信	

現場業務に合わせた日付を設定する

機能を具体的な操作に落とし込む

RULE 63 シナリオテストはコーディネートするもの

シナリオテストは遅延トラップが多い

あるプロジェクトでは、エンドユーザーによるシナリオテストを１か月間予定していましたが、まもなく終了という時期に遅れていることが発覚しました。予定の３分の１も消化できていないという状況でした。

原因を整理すると、以下の通りです。

- シナリオテスト項目書の作り方がわからず時間がかかった
- テスト環境の利用方法や制約を理解するのに時間がかかった
- テストデータがどういう状態なのか把握するのに時間がかかった
- エラー発生時の調べ方がわからず時間がかかった
- 障害発見時にベンダーへの伝え方がわからず時間がかかった

フォローをお願いしていたIT部門のAさんに話を聞くと

「シナリオテストは全くわからないため、完全にお任せしていた」

とのことでした。

このままでは、プロジェクトは大きな遅延が発生してしまいます。プロジェクトマネージャーPさんは、丸投げしたAさんを残念に思いましたが、その前に自身がAさんに丸投げしたことを悔いるのでした。

エンドユーザーを効果的にフォローする

シナリオテストは、具体的な業務イメージに沿って確認していきます。そのためエンドユーザーがテストを実施することになります。

エンドユーザーはITが本業ではないため、多くの方がシステム周りに詳しくありません。そのような方にテストを丸投げするとどうなるのでしょうか？

業務知識は豊富でやる気もあるのに、テストの要領を得ないばかりに遅れが発生してしまいます。冒頭シーンは、シナリオテストを行う際によく起きるケースと言えます。

このようなケースは、ちょっとしたサポートがあればテストはすぐに軌道に乗ります。プロジェクトメンバーの構成にもよりますが、通常はIT部門のメンバーが次のようなサポートを行います。

- ・テスト項目書の作成要領を事前に説明する（サンプルも提供する）
- ・テスト環境の操作方法やデータ状況も、事前に説明する
- ・エラー発生時は、連絡を受けてプロジェクト側で調査を行う
- ・障害発生時は「障害管理表」への記入をお願いする
- ・障害のベンダー調整はプロジェクト側で実施する

重要なのは「エンドユーザーがテストに専念できる環境を作る」ということです。プロジェクトマネージャーは、テストの中身よりも環境コーディネートに細心の注意を払うべきです。

エンドユーザーの指摘はすさまじい

シナリオテストは、どれだけエンドユーザーを巻き込めるかにかかっています。その重要性は皆さんわかっているのですが、シナリオテストの内容が業務に特化したものであるため、プロジェクトメンバーは敬遠しがちです。業務のマニアックな部分を質問されても答えられなかったり、話についていけなかったりすることが多いからです。

しかし、エンドユーザーは現場業務を抱えています。忙しい中でシナリオテストを実施して誰も助けてくれなければ、エンドユーザーもやる気をなくすというものです。

貴重なテスト時間を有意義に使うためには、プロジェクト側が「テストできる環境」をきちんと提供すべきです。

エンドユーザーが「当事者意識」を持ってテストをするとき、その検証内容はすさまじく、ときにはプロジェクトを止めてしまうほど多くの指摘を受けることがあります。ひとつひとつが業務に入り組んだ話であったり、専門家でないと発見できない不具合であったりすることがほとんどです。

それらの指摘をうまく取り込むことができれば、システムの品質は飛躍的に高まっていきます。

RULE 64 現新比較テストは全件で行ってこそ意味がある

悔やんでも悔やみきれない障害

システム本番稼働後の代表的な障害を挙げてみます。

「1000名いる社員のうち、5名のみ給与データがおかしい」

「300の取引先のうち、2件のみ請求金額がおかしい」

「10000件の仕訳データのうち、6件の勘定科目がおかしい」

これらは総件数から見ると、わずか1%未満の事象です。テストでは様々なパターンをテストし、万全の体制で迎えています。それなのに、ちょっとした例外ケースで障害が発生してしまいます。99%以上の処理が成功しており、本来は労をねぎらわれるはずが、わずか1%未満のためにケチがついてしまいます。

程度にもよりますが、障害は1件でも発生すると、失敗として見られます。プロジェクトメンバーにとってみれば、これほど悔しいことはありません。

システムが処理する件数が10件、20件程度であれば、全てテストすれば済む話です。しかし、100件、1000件、10000件となるとどうでしょうか？

「そんなの全件テストできるわけないだろう！」

という反応が当然出てきます。件数が多くなればなるほど、十分なテストを行う時間も人手も足りなくなってくるからです。

件数が多い場合、もう1%未満の障害は諦めるしかないのでしょうか？

現新比較は必ず全件でテストする

受入テストの最後に行うのが「現新比較テスト」です。現行システムと新システムの出力結果が一致することを確認するテスト方法のことです。現場によって「新旧比較」「現新一致」「現新照合」「比較検証」「コンペアテスト」「diff検証」など様々な言い方がありますが、本書では「現新比較テスト」で統一します。

現新比較テストを行うことで、新システムでも今までと同じ結果が得られることを担保します。従来と同じ結果になることは、最もわかりやすく、最も説得力のあるテストとなります。

例えば「1000名の給与明細を比較する」「300枚の請求書を比較する」「10000

件の仕訳データを比較する」といった内容です。

このテストは、全件でテストを行うことに意味があります。全件テストを計画すると、必ず次のような話が出てきます。

「パターンを洗い出して、サンプリングテストすれば十分でしょう」

この考え自体は間違ってはいないのですが、それは前工程の「シナリオテスト」で実施する考え方です。シナリオテストは「サンプリング」、現新比較テストは「全件」、という位置づけになります。

現新比較を全件でテストすることは、2つの目的があります。

1つ目は、それまでのテストから漏れた例外パターンの不備を検出することです。大量の件数があると「例外中の例外」があるものです。「通常の例外」は計画的にテストできますが「例外中の例外」は想定することすら困難です。これは全件で確認して初めて、その存在に気づきます。

2つ目は、マスターデータの検証です。システムがいくら正しい動きをしても、登録したマスターが間違っていたら結局は障害になります。「顧客マスター」「商品マスター」「社員マスター」など、ユーザーが準備したマスターデータを全て確認するには、全件で現新比較テストをするしかないのです。

現新比較は本番稼働判定の主役

システム本番稼働の判定においても、現新比較テストは最重要視されます。「先月データで全件一致しました」というのは、最も説得力のある結果だからです。

判定には「ドキュメントの整備状況」や「ユーザーの習熟度」など他の評価項目もありますが、現新比較より評価順位は下がります。極論すると、現新比較が合格であれば、他が不合格であっても何とかなる、と言えます。逆に他の評価項目が全て合格であっても、現新比較がNGの場合は本番稼働には踏み切れません。

現新比較テストは、それほど重要なテストなのです。

現新比較テストをExcelで行う方法

現新比較テストはExcelが便利

現新比較テストは、全件を確認します。しかし全てをひとつひとつ目で確認していくのは限界があります。数が多くなればなるほど、確認に時間がかかりすぎて現実的ではなくなってきます。

そこでお勧めしたい方法はExcelです。データをExcelに取り込んで条件式を埋め込むだけで、簡単に比較ができます。Excelは数千件ぐらいであれば、一瞬で比較結果が出ます。

現新比較を行う手段は他にもたくさんありますが、Excelは身近なツールとして手軽に利用できます。

データの取り込みも、形式を指定して簡単に行えます。関係者と比較結果を共有することも容易です。条件付き書式で色をつけたり、フィルターや計算式を駆使したりすることで、テスト結果を見やすく加工することもできます。Excelはテストをする際に非常に重宝します。

Excelの計算式を活用した現新比較サンプル

筆者がよく使うやり方をご紹介します。

まずExcelに3つのシートを作成します。1番目のシートを「現行データ」、2番目のシートを「新データ」、3番目のシートを「比較結果」とします。1番目と2番目にそれぞれの比較データを取り込みます。

3番目のシートは、1番目のシートと2番目のシートを比較した結果を表示します（VLOOKUP関数などを使用）。比較結果で不一致の場合は、「条件付き書式設定」でセルに色をつけて目立たせます。後は好みで、一致と不一致の集計行などを追加して完成です。

この構成にしておくと、1番目と2番目のデータを差し替えるだけで何度もテストをやり直すことができて便利です。

またこのExcelを共有することで、メンバーが手分けして不一致の原因調査を行いやすくなります。

図9 Excelの現新比較イメージ

現行データ（1シート目）

顧客	請求額合計	売上金額	物流費	手数料
A	¥100,000	¥97,000	¥1,000	¥2,000
B	¥120,000	¥116,200	¥1,500	¥2,300
C	¥300,000	¥297,000	¥2,000	¥1,000
D	¥400,000	¥400,000	¥0	¥0
E	¥500,000	¥495,500	¥3,000	¥1,500

1シート目と2シート目はデータを差し替えることで、何度でも比較をやり直すことができる

新データ（2シート目）

顧客	請求額合計	売上金額	物流費	手数料
A	¥100,000	¥97,000	¥1,000	¥2,000
B	¥120,000	¥116,200	¥1,500	¥2,300
C	¥300,000	¥298,000	¥1,000	¥1,000
D	¥450,000	¥450,000	¥0	¥0
E	¥500,000	¥495,500	¥3,000	¥1,500

比較結果（3シート目）

顧客	請求額合計	売上金額	物流費	手数料
A	○	○	○	○
B	○	○	○	○
C	○	×	×	○
D	×	×	○	○
E	○	○	○	○

比較結果で一致すれば"○"、不一致は"×"を計算式で自動出力する

"×"は条件付き書式設定で色をつけて目立たせる

RULE 66

合わない理由を徹底的にトレースする

現新比較1回目の結果で慌ててしまう

現新比較テストで1か月分の全件を実施し、結果を出しました。

「2000件中、1500件で不一致」

メンバーは検証用Excelの間違いだろうと楽観視していましたが、データを何度も確認したところ、やはり1500件は不一致となっていました。

それまでのテストで、ベンダーはかなりのバグを出してきた経緯がありました。リーダーのAさんは慌てて、この1500件の不一致結果をベンダーに調査させます。その1週間後に次の回答が返ってきました。

「1500件のうち、約4分の1はバグが原因でした。申し訳ございません」

「バグは早急に修正し、1週間後にリリースさせていただきます」

「残りについては仕様通りであり、弊社に問題はありません」

もう現新比較テストの期限は過ぎています。Aさんはベンダーの回答に激高し、もう一度調査をやり直しさせました。さらに1週間後のことです。

「御社のミスかと……。今回の調査費用はご相談させていただきます」

調べたところ、自社のミスであることが発覚し、追加費用を払うことになりました。さらに自社の対応ミスで、スケジュールはますます遅れていくのでした。

不一致の原因を切り分ける

現新比較テストにおいて、初動調査のやり方で対応スピードに大きな差が出てきます。1回目の比較結果がボロボロだった、というのはよくあることです。ここで件数が多いからとベンダーに丸投げするとどうなるでしょうか？　かなり時間がかかったあげく、解決に至りません。

なぜなら、ベンダーのミスはベンダーで追えますが、自社のミスはベンダーにはわからないからです。

初動調査は、自社で原因を切り分ける必要があります。切り分けは、おおよそ次ページの5つの分類のいずれかに当てはまります。

表のうち「マスター設定不備」「テスト入力ミス」「現行システムのバグ」は自

図10 不一致の分類と対応

No	分類	対応
1	新システムのバグ	ベンダーに修正を依頼
2	マスター設定不備	自社でマスターデータの修正
3	テスト入力ミス	自社でテストの入力をやり直し
4	現行システムのバグ	自社の現場に調査を依頼
5	その他原因	個別対応

社の責任で対応していきます。ベンダーと自社が並行で対応することで、テストの遅れを防ぎます。

なお、No5の「その他原因」でよくあるケースを以下にまとめてみました。調査の参考にしてください。

- 現行システム、新システムのどちらか一方が後で更新された
- 単月ではデータが作れなかった（繰越や前受金など前月分の加味）
- 現場がシステム外で対応していた（請求書に手書き修正していた等）
- イレギュラー操作が行われた（取引先の都合で翌月に売上計上等）
- システム障害のリカバリーでデータが不整合になっていた

不一致の減少を楽しむ

1回目で膨大な不一致件数が出ると、モチベーションの維持が難しいかもしれません。しかし、原因究明が進み、不一致がなくなっていく過程はとても気持ちがいいものです。苦労した分だけ、最後の不一致を撲滅したときの快感は何とも言えないものがあります。

テストリーダーは、現新比較テストを何度もやり直しできる仕組みを構築し、進捗を見える化していきます。不一致件数の減少をグラフ化したり、残件数をメンバー全員に毎日メールしたりするなど、やればやるだけ進んでいる様子を見えるように工夫することはできます。

1日あたりの解消件数の目標を設定し、ゲーム感覚で楽しめるようになれば、社内の連携もスムーズになり、生産性も上がっていきます。

RULE 67 検収を遅らせるとLose-Loseになる

忙しいと検収を遅らせたくなる

受入テストを担当しているAさんは、プロジェクトで最も多忙なひとりです。Aさんは、それ以外にもユーザー説明会、マニュアル作成、移行準備なども進めています。何より現行業務を抱えているので、締め日前になるとプロジェクトどころではありません。

受入テストの期日が迫ってきましたが、全くテストの時間を取れずにいます。Aさんは検収を先延ばしにすることにしました。

「何かと理由をつけて、ベンダーを待たせよう」

「見つけたバグを小出しにすれば検収を長引かせられる」

Aさんはベンダーを呼び出し、現状の品質では検収ができないため後ろに延ばすことを伝えました。ベンダー担当者は納得していない表情でしたが、しぶしぶ受け入れるのでした。

検収が遅れると自社に大きな被害がでる

受入テストで問題がないことが確認できたら「検収」となります。その後、ベンダーから請求書が届き、システム代金を支払います。

自社は発注者であり、ベンダーよりも強い立場です。「お金を払わないぞ」と脅せば、ベンダーは従わざるを得なくなります。この立場を利用して、ついつい検収を後ろに倒したくなります。

システムの品質が悪ければ、検収をしないのは当然です。しかし、自社都合で検収を先延ばしにするとどうなるのでしょうか？

自社にとって不利益となるケースを3つ挙げてみます。

①対応レベルが下がり、本番障害を誘発する

検収が遅れた場合、ベンダーは自腹で体制を維持します。体制を維持した分は、全て赤字です。ベンダーは赤字を最小限にするため、安い要員のみを残し、高い要員は外していきます。その後に自社がバグを発見しても、対応レベルは

下がってしまいます。ベンダーは表面的な対応に終始し、スピードも出せません。テストも省略し、指摘されていないバグは隠し続けます。不十分な対応となったシステムは、その後に本番障害を誘発します。期間内にテストしていれば、こうなることはありません。

②保守でベンダーに搾取される

赤字を耐え忍んだベンダーは、元を取ろうとします。赤字分を上乗せし、割高な保守費用を設定してきます。高い保守費用がベースとなり、1年程度でベンダーに回収され、2年目以降は逆に搾取されてしまいます。自社としては、大金を投じたのに「保守しないぞ」とベンダーに逃げられるのは困るため、反論できなくなります。

③検収を強行される

ベンダーによっては、契約を盾に検収を強行してきます。契約書には一般的に「納入から○か月を検収期間とし、その間に検収を行うこととする」という文言が明記されています。つまり受入テストを一定期間内で行うことを、あらかじめ約束しているのです。そのため検収期間を過ぎると、一方的に請求書が送られてくることもあります。受入テストが終わってないのに、保守の請求書までも送られてきます。

予定通りの検収でWin-Winを築く

検収を自社都合で遅らせた場合、自社とベンダーはLose-Loseの関係となります。つまり誰も得をしません。その後の保守フェーズでは、さらなる改善施策を打つフェーズです。冷え切った関係で、良いシステムに育てていけるわけがありません。

ベンダーとWin-Winの関係を築き、安定した保守を受けるには「予定通りに検収する」ということです。ベンダーのシステムエンジニアは、基本的にサービス精神が旺盛です。良好な関係があれば、要求した以上のサービスを返してくれることでしょう。

決して発注者のおごりで検収を遅らせないことです。

3-3 システム障害を主体的に管理することで致命傷を防ぐ

3-1 下流計画 → 3-2 受入テスト → 3-3 障害管理 → 3-4 品質管理

● ベンダーとの共通言語

障害管理とは、受入テストで自社が発見した不具合を管理していくことです。「障害管理表」を作成し、自社とベンダーで共通で管理していきます。

受入テストで自社が不具合を発見したら、まずは自社が障害管理表に起票します。起票後は、ベンダーに調査を依頼します。ベンダーは発生した事象を解析し、ベンダーのミスなのか、そうでないかを切り分けします。

ベンダーのミスであれば、ベンダーに修正してもらうだけなので話は単純です。一方「仕様通り」と回答があった場合は、ベンダーとの調整が発生します。ここが障害管理で大変となる部分です。

一般的に、ベンダーに伝えていない仕様に受入テストで気づいた場合、当初の約束とは違うのでベンダーへの修正依頼は難しくなります。簡単な修正であれば、ベンダーに相談して対応してもらうことも可能です。しかし大がかりな修正となると「仕様変更」という扱いで追加費用とスケジュールの調整が発生します。

● 障害とどう向き合うか

受入テストフェーズでは、障害管理表をもとにベンダーとコミュニケーションをとっていきます。特に障害が多発した場合は、コミュニケーションがうまくとれないと、スケジュールがどんどん遅れていきます。そのため発生した障害はベンダー任せにせず、自社が主体的に管理していく必要があります。

図11 障害管理表の対応フロー

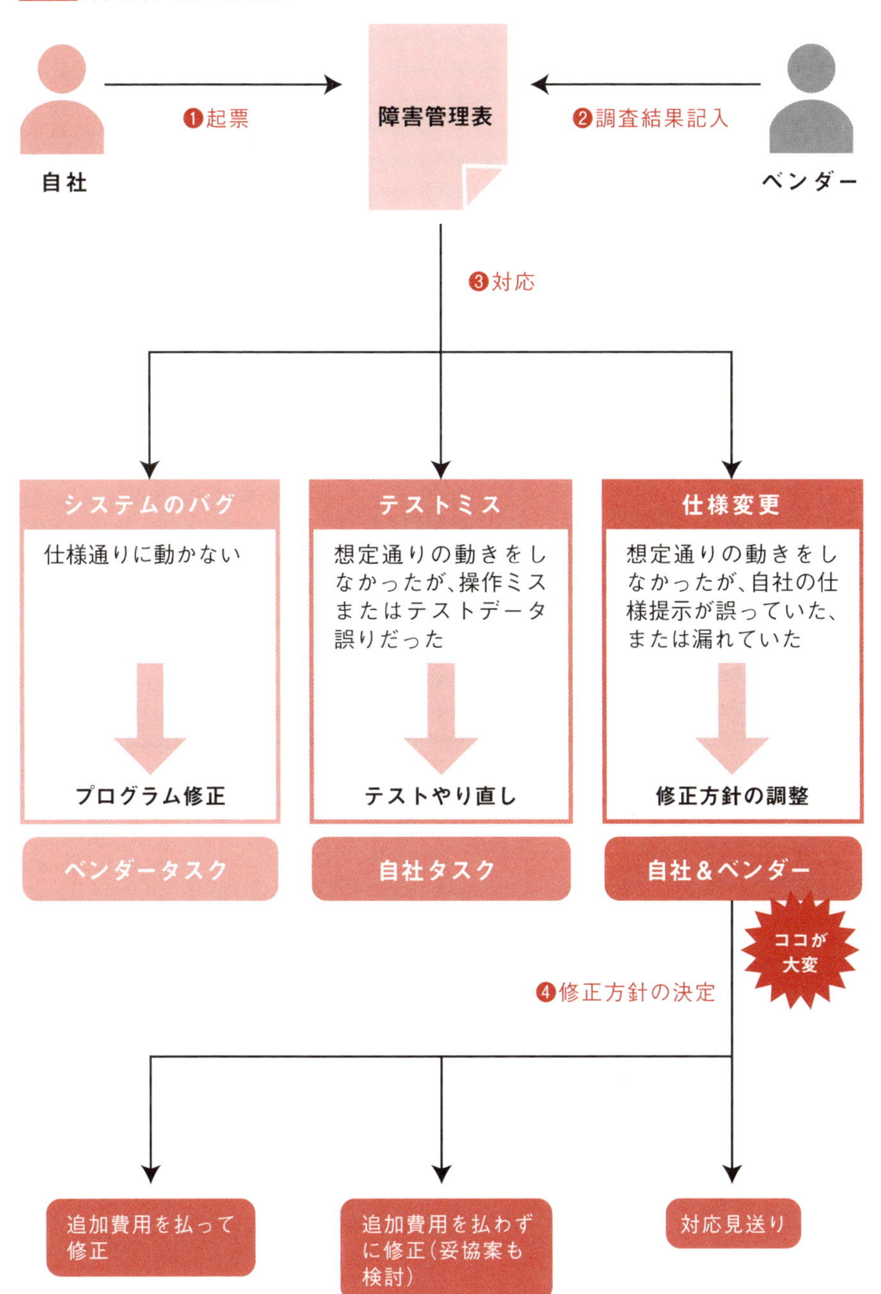

RULE 68 受入テストの障害管理表は自社が管理する

障害を巡っての空中戦

「そこまで言われるほどウチは悪くないですよ！」

受入テストでバグが多発したため、ベンダー側のプロジェクトマネージャーと営業担当を呼び出して、品質改善を依頼したときのことです。

最初はベンダー側もおとなしく話を聞いていたものの、最後は営業担当が感情的になって反論してきました。ここ1週間でかなりの障害が発生していましたが、どうやら営業担当は知らない様子でした。同席している先方のプロジェクトマネージャーは気まずい表情でダンマリしています。

ベンダーが管理している障害管理表が配られました。自社としては「バグ」が20件の認識でしたが、資料上には「バグ」が5件しかありませんでした。それ以外は「仕様変更」が8件、そもそも記載されていないものが7件ありました。

仕様変更について反論したところ

「この要件は後から出たので仕様変更です。追加費用が発生します」

と営業担当は主張しています。また、記載がないものを追求したところ

「担当者が忙しくて記載できていないのかもしれません」

とプロジェクトマネージャーは言葉を濁します。

このプロジェクトでは、受入テストの「障害管理表」をベンダーが管理していました。自社との認識にギャップがあり、お互いの主張が噛（か）み合いません。

結局、この会議では「障害管理表を最新化する」ということだけが決まりました。品質改善の打ち合わせでしたが、会話が空中戦となり何も進まないまま終わってしまいました。

主導権を握りたいなら自社で管理する

受入テストで見つかった障害は「障害管理表」で管理していきます。受入テストで障害が発生しないことは、まずあり得ません。スクラッチ開発でもパッケージ導入でも、必ず障害はつきものです。障害を適切に解決してこそ、システムの品質が確保できます。

この障害管理表ですが、どちらで管理すべきでしょうか？

ベンダーが管理するケースを考えてみます。ベンダーが管理するということは、「バグの内容」「バグか仕様変更かの分類」「修正方針」「修正期限」がベンダーにコントロールされるということです。ベンダーにとって、都合の良い表現で作成されてしまいます。自社が明らかに「バグ」だと思っていても、ベンダーが「仕様変更」と記載すれば、追加費用の話に発展してしまいます。対応期限もベンダーの都合で、後ろに倒される恐れもあります。

受入テストにおいて、障害管理表は自社で管理すべきです。

なぜなら、受入テストは自社が主体だからです。製造フェーズ（プログラミング、単体テスト、結合テスト、総合テスト）はベンダーが主体のため、障害管理表はベンダーで管理すべきですが、受入テストは主体が交代します。

バグを見つけるのは自社であり、バグの対応方法を決めるのも自社です。対応の優先順位や、対応時期を決めるのも自社です。仕様変更の調整や、仕様変更をするかどうかも自社が決めることです。

バグのコントロールは、ベンダーのコントロールに繋がります。そのためには、自社で障害管理表をしっかりと管理する必要があります。障害に対して自社が受け身になってはいけません。

正しい障害管理表はベンダーと建設的な雰囲気を作る

品質の悪いベンダーに限って、ベンダーの営業担当は現場状況を把握していません。「ウチはそこまで品質は悪くない」「バグは自分たちの責任ではない」と開き直ってきます。実際に障害が多発しているからこそ何度も打ち合わせしているのに、客観的な証拠がないと議論は空中戦になるだけです。感情的に対立しても、プロジェクトとしてメリットは何もありません。

プロジェクト終盤においては、障害管理表がベンダーとの「共通のモノサシ」となります。障害管理表がリアルタイムで正しく更新されていれば、犯人捜しや感情論での話ではなく、現在発生している事象に対して前向きに話をすることができます。

そのためには、自社が障害管理表を管理し、リアルタイムに正しく更新していくことです。自社が主体的に障害と向き合っていく必要があります。

RULE 69

障害管理表はこう作る

ベンダーの入力項目を制限する

障害管理表は、ベンダーが準備したフォーマットを使うか、自社が準備したフォーマットを使うか、どちらでも構いません。

ポイントは、ベンダーが書き込む項目を制限することです。自社が書き込んだ内容をベンダーが勝手に上書きすることを禁止します。例えば、自社が「PG（プログラム）バグ」と記入したら、ベンダーは「仕様変更」と上書きすることを防ぎます。変更したい場合は、自社の承認のもとで変更するルールとします。

以下に主要項目の解説とイメージを示します。

図12 主要項目の説明

項目	説明	自社	ベンダー
重要度	不具合の重要度を「高、中、低」で表現します。優先度「高」の場合、ベンダーと緊急対応の調整を行います。	○	
件名／内容	自社が受入テストで発見した障害事象を記入します。	○	
ベンダー回答	ベンダーが回答を記入します。日付をつけて時系列で記入していきます。		○
分類	自社の主観で分類分けします。「課題、PG バグ、設定不備、仕様変更、問い合わせ、要望、タスク」から選択します。自社で仕様変更と認めた場合のみ「仕様変更」とします。	○	
ステータス	障害の状況を常に更新していきます。基本的には「自社調査中→ベンダー調査中→ベンダー修正中→自社確認中→完了」の順に遷移していきます。完了となればクローズのためグレーにします。 また「完了」以外に、自社のミスだった場合は「取り下げ」、仕様変更で対応しないことが決定したら「見送り」としてクローズします。	○	○

※注 ○は入力者を表しています

図13 障害管理表の主要項目イメージ

完了、取り下げ、見送りとなったらクローズしてグレーに色づけする

重要度	件名	内容	ベンダー回答	分類	ステータス
中	削除ログの出力	削除処理を行った場合の操作ログが出力されない。	[4/1] ログ機能のバグ。すぐに対応します。 [4/3] 修正完了	PGバグ	完了
高	前月比の小数点丸め	売上前月比が小数点第1位まで出力されるはずが、切り捨てられて出力される。	[4/5] データとしては切り捨てずに持っている。出力設定を修正します。 [4/6] 設定変更完了	設定不備	自社確認中
低	顧客コードでソートしたい	顧客一覧画面が登録順で表示される。顧客コード順でも表示できるようにしたい。	[4/7] 対応方法は調整させてください。 [4/10] 対応見送りで決定	要望	見送り
中	正常データのみ取り込み	エラーが1件でもあれば、データが全て取り込まれない。チェック正常なデータは取り込み、エラーデータのみ取り込まれない仕様としたい。	[4/7] 対応方法は調整させてください。	要望	ベンダー調査中
高	マスター登録時のシステムエラー	マスター登録ボタンを押下すると「システムエラー」と表示される。	[4/15] 登録データをご提示願います。 [4/17] マスター画面以外で作成されたテストデータが原因でエラーが発生しています。当該データを削除後に操作をお願いします。	問い合わせ	取り下げ
高	手数料の計算式変更	手数料の計算式を変更したい 現在）売上金額× 0.01 修正後）売上金額×マスター登録された手数料率	[4/20] 対応方法は調整させてください。	仕様変更	完了
高	請求金額が合わない	請求サマリー画面の金額と請求詳細画面の金額が合わない	[4/21] 調査します。	問い合わせ	ベンダー調査中

ベンダーが時系列で更新する

分類は自社のみが更新する

RULE 70 障害管理表のボールが止まっていないか

その障害は誰がボールを握っているのか

受入テストも佳境に入り、障害も多くなってきました。このプロジェクトでは、「障害管理表」をもとに週1回のミーティングを行っています。ベンダーに各障害の対応状況を確認したところ、以下の回答が返ってきました。

「障害No.2と3と4は、プログラム修正後の御社の確認待ちです」

「No.5は、御社の仕様回答待ちです」

「No.6は、打ち合わせ日程が決まっておりません」

「No.12は、弊社で原因を調査中ですが、時間がかかっております」

「No.13は、バグか仕様変更か決まっていないため、止まっています」

「No.15は、まだ御社から正式に依頼が来ていません」

ほとんどの障害が、先週確認した状況から進展していませんでした。ベンダー対応待ちもありますが、自社の対応待ちが目立ちます。

ベンダーまたは自社の担当者にその場で確認すると「はい、すぐにやります」と返ってきますが、翌週もまた同じ光景が繰り返されます。

障害管理表はボールを止めないこと

障害管理表は一度止まると、あっという間に1週間過ぎていきます。

「いまボールは誰が持っているか？」

を自社で常にチェックし、遅れを速やかに解消する必要があります。

速やかに解消するためのポイントは以下の4点です。

①自社ステータスのトレース

まず「自社がボールを持っている」ケースをチェックします。障害管理表は、ベンダーよりも自社の方が遅延を引き起こしやすいものです。特にベンダーがプログラムを修正した後、ベンダーも自社も安心しきって放置されがちです。確認すればすぐに完了となるものが多く、早めに残数を減らしていきます。

②ベンダーとの密なコミュニケーション

ベンダーは「次の定例会で確認しよう」と止めていることが多く、それでは週1回の定例会でしか進まないことになります。自社から積極的に確認し、ベンダーの無駄な「待ち」を防ぎます。

また、ベンダーは過剰サービスを検討しがちです。「そこまで複雑な仕様にしなくていいよ」ですぐに解決するものもあります。

③解決へのストーリーを描く

バグか仕様変更かを巡り、ベンダーと対立することもあります。そこを放置すると、その障害は全く動かなくなります。妥協するかしないかを社内で確認後、自社から積極的に調整していきます。妥協できるのであれば「要求レベルを落とす」「要求を取り下げる」「代案を提示する」など落としどころを事前に準備した上で、早期に解決をはかります。

④障害への積極的な理解

障害状況を確認する際、それぞれの内容について会話できるぐらいは把握しておく必要があります。話が通用しない人に自社とベンダーの関係調整はできないからです。

それぞれの障害内容を把握するには、恐ろしく時間がかかります。しかし把握しなければ止まるだけです。どの障害にどこまで踏み込むかのバランス感覚が求められます。

障害の番人には自社のエースを指名する

障害管理表を常にチェックする番人は、自社とベンダーの両方に深く切り込み、さらに業務を横断して動き回ることが求められます。そのため、プロジェクト全体に精通している自社のエースを指名します。

受入テストがうまくいくかどうかは、まさにこのエースにかかっています。受入テストの遅延は、本番稼働日の遅延に繋がります。安易に事務的な側面だけで、余っている若手を指名しても機能しません。

障害が多発している場合、よほど能力の高い人であっても首が回らなくなります。そのエースの負荷が軽減できるよう、周囲もサポート体制を敷くことが重要です。

3-4 ITベンダーへのアプローチを工夫し品質を引き上げる

3-1 下流計画 → 3-2 受入テスト → 3-3 障害管理 → 3-4 品質管理

乗った船が泥船だったらどうしますか？

品質管理とは、システムに関する障害や問題などを除去していき、システムの満足度が高くなるように管理していくことです。

品質管理について、本来はシステムの作り手であるベンダーが主体となって行うものです。しかしベンダーに完全に任せてしまうだけでは、ベンダーの能力に左右されてしまいます。ベンダーのレベルが低いと、プロジェクトが失敗してしまうことになります。

それは仕方ないと諦めるしかないのでしょうか？

自社として、できることは全てやるべきです。そのため、自社としてもシステムの品質管理を意識し、ベンダーに対して品質を高めるアプローチを考えていきます。

システムを作らない自社ができること

ベンダーが質の高いテストを行っていれば、それだけシステムの品質は高くなります。自社はベンダーに対して、質の高いテストを行ったかどうか証拠を要求します。ベンダーが提示してきた「テスト結果」や「品質報告書」を確認し、きちんとテストが行われたかどうかを確認します。

システムを作るのはベンダーですが、品質の管理は自社も行います。自社がベンダーに対して積極的にテスト結果を求めることで、間接的にシステムの品質を引き上げる効果があります。

図14 自社のアプローチが品質を引き上げる

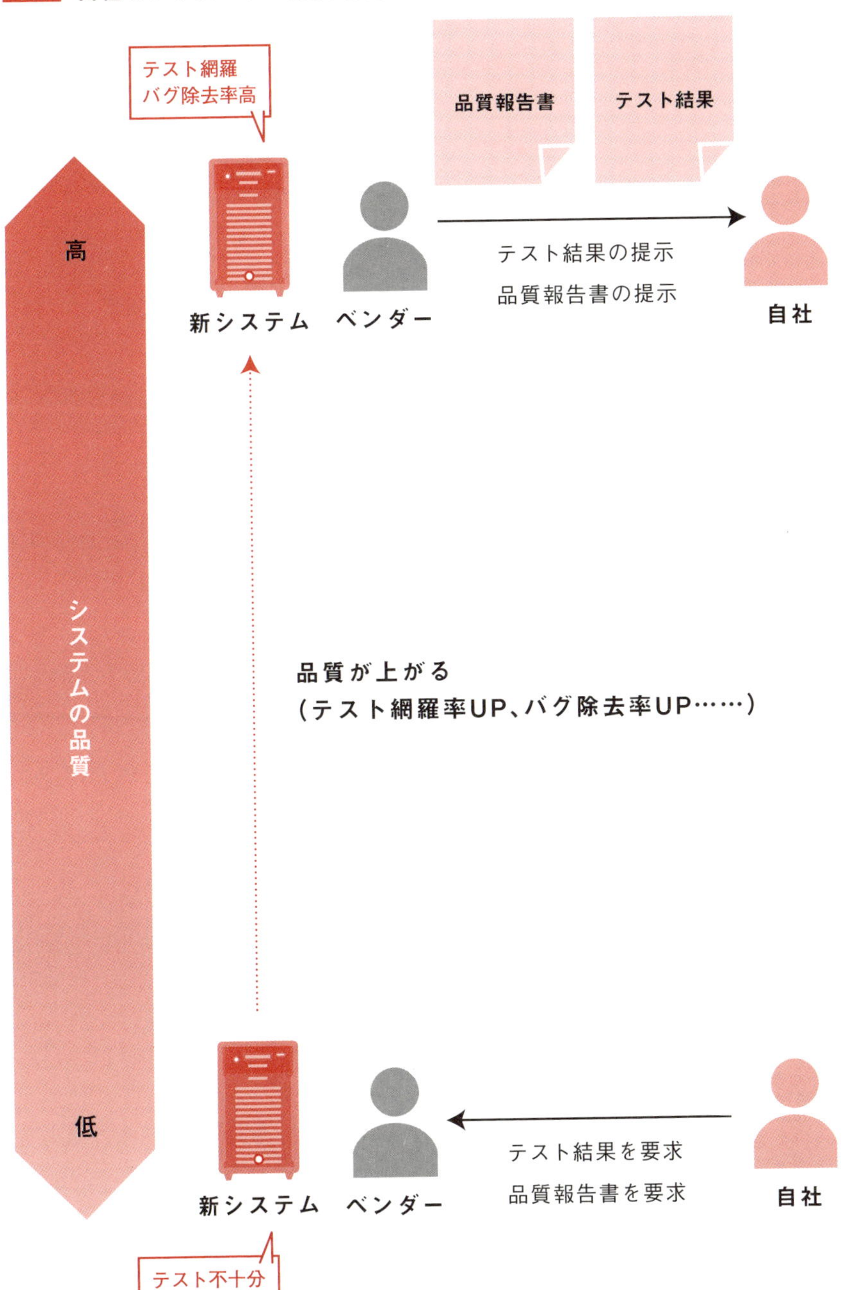

RULE 71 事前にベンダーテスト結果を確認する

テスト結果がすぐに出てこない理由は……

あるプロジェクトでは、受入テストを開始した直後に障害が多発しました。それもボタンを押すと「システムエラー」が発生するなど、基本的な動作でのバグが多く見受けられます。

ベンダーがきちんとテストできていない可能性があったため、テスト結果を要求したところ、次の回答が返ってきました。

「テスト結果はすでにあるのですが、見栄えを修正しています」

そこで、見栄えは気にしないからすぐに出すよう要求しました。ところが、テスト結果が提出されたのはその1週間後でした。結果をよく見ると、要求した後の日付でテストが行われていたのです。

テスト結果は必ず要求する

「テスト結果は見てもわからないから」

とベンダーにテスト結果を要求もしない人が結構います。自社メンバーはシステム開発やITプロジェクトの経験がない人も多くいます。見てもわからないのは仕方ないのかもしれません。ですが、それを正直にベンダーに伝えるかどうかは別の話です。

ベンダーは、自社が納品物をきちんとチェックする会社かどうか見ています。ベンダーによっては、それを悪用してきます。

仮に開発が遅れている場合、悪質なベンダーは時間のかかるテストを省略してでも、スケジュール通りに納品してきます。「とりあえず動くものを納品すれば何とかなる」と甘く見られてしまいます。

一方、自社が納品物をきちんとチェックするよう振る舞えば、ある程度は悪質なベンダー行為を抑止できます。テストした証拠を出さないと、システムを納品できなくなるからです。

そのため、ベンダーのテスト終了後に必ず「テスト結果」を要求します。見方がわからなくても、とりあえず毅然と要求することです。

テスト結果は、全て確認する必要はありません。要所のみを確認してベンダーに指摘すれば、ベンダーは手抜きできなくなります。

確認の流れは以下の通りです

①テスト計画・結果の目次を要求する

ベンダーのテスト内容を俯瞰的にチェックするため、目次を要求します。主に機能単位で漏れがないかを確認します。

②目次通りにファイルが存在するか確認する

目次通りにテストが行われているかを、テスト結果ファイルの存在でチェックします。この時点では中身は見ません。

③ファイルの中身をサンプリングでチェックする

全てを見る必要はなく、気になる機能のテスト結果のみを確認します。「売上の訂正が請求処理後にできるか？」「受注入力は一時保存できるか？」など、業務観点でケース漏れがないかを確認すると効果的です。

不十分なシステムの受入テストは行わない

ほとんどのベンダーはきちんとテストを行いますが、残念ながらレベルの低いベンダーも一部存在します。筆者が過去に支援した中には「お客さんがバグを見つけてくれる」と自社をテスト担当者扱いするベンダーもいました。

受入テストは、常にギリギリのスケジュールとの戦いです。ベンダーのテストが不十分なシステムで受入テストを行うと、必ず泥沼にはまってしまいます。障害が多発し、ベンダーとのやり取りに多くの時間が割かれてしまいます。結局はベンダーのテストはやり直しとなり、受入テストは無駄になります。間違いなく本番稼働日も延期となります。

受入テストを開始する前に、ベンダーのテスト結果は必ず確認します。遅れているからとフライングで受入テストを開始しても、結局は二度手間、三度手間となるだけです。

テスト結果の提出をベンダーに義務づけ、確認できなければ受入テストは開始できません。ベンダーに毅然とした態度で線引きすべきです。

RULE 72 スクラッチ開発は品質報告書を要求する

ある品質改善の打ち合わせにて

「バグが多発しているので、品質改善をお願いします」

〜２週間後〜

「指摘した部分しか直っていません。全体的な品質の底上げをしてください」

〜２週間後〜

「全然直っていない！　我々もヒマじゃないんだ！　何とかしろ！」

このプロジェクトでは受入テストでバグが多発したため、ベンダーに「品質改善」を要求していました。ベンダーはその場では「はい、改善します」との回答ですが、状況は改善されず次から次へとバグが発生します。

「品質改善」は言葉としては簡単ですが、具体的な取り組みが伴わない限り、改善はできません。ベンダーと不毛なやりとりになってしまい、時間だけが過ぎ去っていきます。

スクラッチ開発で品質報告書は必須

パッケージシステムであれば、市場に出回っており実績もあるため、一定の品質は確保されています。一方、スクラッチ開発は全て手作りのため、品質リスクが高くなります。システムの規模が大きくなればなるほど、機能間の不整合や考慮漏れが発生しやすく、バグという形で表れてきます。

ベンダーが品質管理をしっかり行っていれば、単発の障害を発生ベースで対応すれば問題ありません。しかしベンダーの品質管理が弱い場合、テストが全く進まなくなるほどバグが多発します。対応に追われ、現場はカオスとなります。

自社として、ベンダーの品質を高めるために何ができるでしょうか？

ベンダーの品質を高めるには、システムの作り手であるベンダー自身の品質管理が欠かせません。ベンダーが「ハズレ」だとしても、ベンダーが品質管理するように自社が促していかなければいけません。

そのためには「品質報告書を要求する」ということです。

品質報告書とは、テスト結果を客観的に分析した報告書です。

「ウチはシステムに対してこれだけのテストをしました。品質の高さを客観的な数値で証明します」といった内容になります。

品質報告書の代表的な項目は以下が挙げられます。

> 各種テスト予定と実績／試験指標（品質水準）／試験密度／バグ検出密度／バグ収束曲線／残課題状況／試験評価（定量／定性）

品質報告書は、何も特殊なものではありません。大手のベンダーは、社内標準として作成しています。品質報告書の社内レビューが完了しないと客先へ納品できない、というベンダーもあります。当然ながら品質は高く、障害はめったに発生しません。

しかし、残念ながらほとんどのベンダーは品質報告書を作成しません。

だからこそ、明示的に品質報告書を要求するのです。事前にRFPの要求事項に書いておき、ベンダーのテスト終了タイミングできちんと要求します。

この報告書を作成する過程で、ベンダー内部で品質が確実にチェックされます。品質報告書を要求するだけで、品質が高まるということです。

全部はわからなくてもいい

「品質報告書の見方がわからないから要求しづらい」

という気持ちもわかります。しかし極論すると、見方はわからなくても良いのです。もちろん、内容を理解して精査することがベストですが、最低限の意味合いだけ理解できれば問題ありません。

ただし、ベンダーにはきちんとチェックする姿勢は見せておきます。報告書は事前に提示してもらい、確認するようにします。いきなり資料を持参されて説明を受けても、その場で言いくるめられてしまうからです。ベンダーも事前に提出するとなれば、それなりに作り込んできます。

数日後にベンダーに対面で説明を受けて、事前に準備した質問について回答を引き出すようにします。

自社としては、大金を払ってシステムを導入します。ちょっとした手間で品質が上がるなら、やるべきではないでしょうか。

RULE 73 その遅延は本当にベンダーのせいか

ベンダーだけが悪いのか

「すみません、予定に対して実績が2週間遅れております。遅れを取り返せるよう増員して対処しております。」

「最近、皆さん帰りが早いんじゃないですか？　緊張感がありませんよ。スケジュールは死守ですからね」

進捗報告会でのベンダーとのやりとりです。ベンダーの遅れに対して、自社はただプレッシャーをかけるだけです。

このベンダーの遅れ、本当にベンダーの責任なのでしょうか？

もちろんベンダーが100%悪い場合もあります。一方、プロジェクトは自社とベンダーのタスクが連動する、という側面があります。自社のタスクに遅れがあったとしたら、連動するベンダーも当然遅れが発生します。つまりベンダーの能力とは別に、自社の能力がベンダーの遅れを引き起こす原因になり得るのです。

自社がベンダーの足を引っ張る

筆者の経験上「遅延はベンダーが100%悪い」というケースはほとんどありません。必ずどこかで、自社がベンダーの足を引っ張っていますが、目立たないだけです。

代表的なケースを3つ挙げてみます。

①自社が課題を先送りにしている

ベンダーが遅れる最も多いケースとして「自社課題の先送り」があります。自社が回答しない限りシステムの仕様が決まらない、といったケースです。ベンダーは課題解決（仕様決定）まで「待ち」の状態になります。

この場合、自社には決まり文句があります。「先にできる部分からどんどん進めてほしい。この部分は今急いで解決しようとしているから」と、自分たちはスケジュールに影響を与えていないスタンスを取ります。しかしこのような課題に限って、全体に波及する課題だったりします。回答も大幅に遅れ、後でベンダーのスケジュールに大きく響いてくるのです。

この課題の傾向としては「対外的な調整」「部門間の調整」「全社的な判断」など、自部門だけでは決められないような課題が多く見受けられます。

②自社が後から仕様をねじ込んでいる

「後から仕様の追加や変更をする」というケースも代表的です。最初に決めた大枠の中で詳細化していく分には問題ありませんが、大枠自体を後から変えてしまうと、ベンダーにとっては致命的な遅れが発生します。

ベンダーはその時点で「仕様変更」扱いとし、受けつけないようにすることもできます。しかし多くのベンダーは、できる限り自社の要望を汲み取って頑張ろうとします。その結果、遅延を招いてしまうのです。ある意味、自社のためにベンダーが頑張っているのに、それを自社が攻撃する、という構図になっていきます。

③打ち合わせ開催が常に遅れる

プロジェクトでは、多くの打ち合わせを必要とします。上流フェーズでは要件定義や仕様検討の打ち合わせ、下流フェーズでは細かい仕様調整や障害対応などで、打ち合わせが絶えることはありません。このベンダーからの打ち合わせ申し入れに対して、自社側の日程調整は遅れがちです。特に複数の部門を召集する場合などは、申し入れてから1週間後、2週間後、下手すれば1か月後などになることもあります。

自社は本業を抱えており、多忙ではあります。しかしそれ以外の要素として「自分たちは発注者」という意識から、ベンダーを待たせていることを悪く思っていません。

打ち合わせの遅延が積み重なると、ベンダーの足を引っ張り、ベンダーの遅延に繋がっていきます。残念なことに、そのことでベンダーの足を引っ張っているという自覚はなく、ただ表面的にベンダーの遅れを指摘している場合が多いのです。

自社がベンダーのスケジュールを引き上げる

自社とベンダーは、同じプロジェクトを遂行する運命共同体とも言えます。ベンダーのスケジュールに対しても、自社は当事者意識を持つべきです。遅れの徴候があれば、積極的に対策を打ちます。

具体的な解決策としては、先に挙げた問題の逆を実行することです。

①自社の課題はすぐに解決（回答）する
②自社が最初に提示した仕様に責任を持つ
③自社は打ち合わせを速やかに開催する

こうして見ていくと、ベンダーのスケジュールに自社が大きく関与していることがわかります。自社の取り組み方次第で、ベンダーのスケジュールを引き上げることが可能なのです。ベンダーを攻撃する前に、自分たちでできることから実行していく姿勢が、全体スケジュールに好循環を生みます。

第4章 ユーザー教育 〜システム本稼働までのルール

企画〜発注

要件定義〜設計

受入テスト〜検収

ユーザー教育〜本稼働

運用・保守

4-1 マニュアルを作成し混乱と不満を最小限に抑える

4-1 マニュアル作成 → 4-2 説明会実施 → 4-3 稼働判定 → 4-4 本番稼働

● 新システムの前では誰もが初心者

「マニュアル」とは手引書のことです。初心者に対して「システム」や「業務要領」を教えるための資料となります。わかりやすいマニュアルを作るためには、内容を標準化および体系化して記載する必要があります。

新システムを導入するということは、現場は新しいシステムと業務要領を習得する必要があります。そのため新システム導入は、必ずマニュアルがセットとなります。新システムだけ導入して終わり、というわけにはいきません。

● 忙しいけど作る

新システム導入に関するマニュアルは、関係者への新システム説明会を実施するまでに作る必要があります。なぜなら、説明会はマニュアルの内容に沿って説明していくからです。

マニュアル作成は、受入テストと同じ時期に作成するため、社内では大変忙しい状況となります。事前に役割分担表やWBSで作成担当者を明確にしておき、スムーズに進められるよう準備しておきます。

マニュアルは、現場で常に使われるものです。新システム導入時に最も参照されますが、その後に新しい人が配属になった際にも利用されます。現場の運用ルールを周知したり徹底したりする際にも使います。操作方法や業務ルールを調べる参考書としても活用されます。

つまり一過性の資料ではなく、今後も長く使っていく資料となります。そのため、現場に長く愛用されるマニュアル作成を目指します。

図1 マニュアルの用途

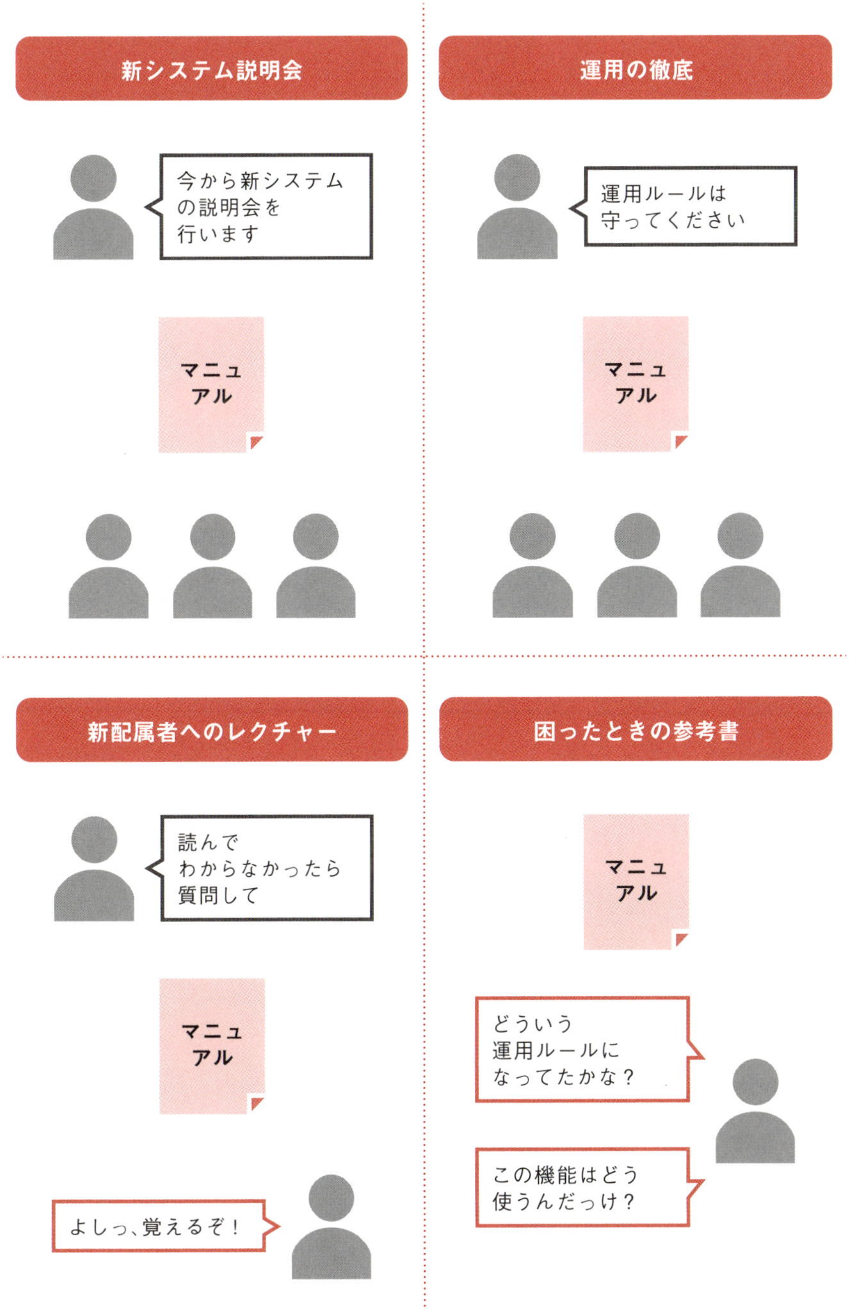

新システム説明会

今から新システム
の説明会を
行います

マニュアル

運用の徹底

運用ルールは
守ってください

マニュアル

新配属者へのレクチャー

読んで
わからなかったら
質問して

マニュアル

よしっ、覚えるぞ！

困ったときの参考書

マニュアル

どういう
運用ルールに
なってたかな？

この機能はどう
使うんだっけ？

RULE 74 マニュアルは2種類ある

マニュアルのイメージは人それぞれ

「マニュアルはベンダーさんが作ってくれるんでしょ？」
「無理なら暇そうなAさんにお願いしよう」
「でも業務を理解していないから作れないよ」
「えっ？　画面を貼っていくだけでしょ？」

本番稼働が近づくにつれ、どのプロジェクトでもマニュアル作成の話題が上がります。一言に「マニュアル」といっても、人それぞれイメージが異なるようです。どの現場でも様々なマニュアルが存在します。

「マニュアル」はどう定義すれば良いのでしょうか？

2つのマニュアルの違いを明確にしておく

「マニュアル」をインターネットで検索しても、不思議とほとんど載っていません。目的と異なる検索結果ばかりが表示されます。

現場でも、マニュアルの定義は人それぞれ違います。それを明確に定義しないまま進めようとするので、話が二転三転していきます。

呼び方は様々ですが、マニュアルは大きく2種類あります。

「システム操作マニュアル」と「業務マニュアル」です。

「システム操作マニュアル」とは、商品の取扱説明書のようなものです。テレビやスマートフォンの取扱説明書をイメージするといいかもしれません。システムの機能が目次に列挙されていて、各機能の解説が本編に書かれています。

一方の「業務マニュアル」とは、現場業務の流れに沿った説明となります。システム中心ではなく、そのシステムを使う現場業務が中心です。システム操作マニュアルと重複するところもありますが、それは業務を遂行する手段として部分的なものです。

業務マニュアルがシステム操作マニュアルと異なる点として、次のようなものがあります。

・業務マニュアルはシステム以外の説明も含んでいる
・業務で使わないシステム機能は記載しない
・複数のシステムに跨(またが)った説明も登場する

例えば、あるパッケージシステムをA社とB社に導入したとします。システム操作マニュアルはA社とB社でほとんど変わりません。固有名詞が異なるぐらいです。

一方、業務マニュアルはA社とB社で全く別モノとなります。その現場業務に特化して作っているので、異なるのは当然です。

システムを活かすためにマニュアルがある

では、現場で必要とされるマニュアルはどちらでしょうか？

新人が現場に配属されたケースを考えてみます。新人なので、その現場で何をどうすれば良いか、システムはどう使えばいいか、全くわからない状態です。

まず、システム操作マニュアルを読みました。システムの内容が理路整然としていて、システムのイメージは膨らんできます。しかし、それを読んだところで、そのシステムをどのタイミングで、どの機能を使って、何をすればいいのか……さっぱりわかりません。

次に業務マニュアルを読みました。システムの理解は、業務で使う最低限のものだけです。しかし、自分がどのシステムで何をすれば良いかを、業務の流れの中でイメージできました。

どんなにすばらしいシステムを導入したとしても、それを現場で使いこなせなければ全く意味がありません。システムと現場を繋ぐもの、それは「システム操作マニュアル」ではなく「業務マニュアル」です。

業務マニュアルをしっかりと作り込むことで、現場の運用がスムーズになり、現場は本業に集中することができます。

システム操作マニュアルは、辞書として「たまにしか使わない機能」や「便利機能」を調べる際には役に立ちます。

2つのマニュアルの違いを認識した上で、プロジェクトとしてマニュアル作成を計画していきます。

RULE

75 マニュアルは誰が作るのか

業務マニュアルを外注した末路

あるプロジェクトでは、受入テストで全てのメンバーがフル稼働していました。スケジュールが守れるかギリギリの状況です。

プロジェクトマネージャーのＰさんは、このような状況のため、業務マニュアルを外注することにしました。現場のキーマンＡさんが内容を説明し、それを派遣スタッフがマニュアル化する、という段取りです。

人材派遣会社を３社ほどピックアップし、その中から最も安いＸ社を選定しました。提案された人材スキルシートには「Word､Excelを使いこなせる」「コミュニケーションを得意とする」とあります。マニュアルを作成するには十分と判断しました。

さて、その派遣スタッフＨさんは初日から積極的にＡさんに質問をして、コミュニケーションがとれているように見えました。ところがＡさんが多忙なため、徐々にＨさんは遠慮するようになります。Ａさんも毎日のように一から説明させられることに嫌気がさし、次第に口調も変わっていきました。

「この前も説明しましたよね」

「えっ？　それは聞くまでもなく常識でしょう？」

最終的にＡさんは「これなら自分で作った方がはるかに早い」という結論に至りました。結局、そのスタッフとは契約を途中で打ち切ります。Ａさんは中途半端なマニュアルを捨て、最初から作るのでした。

業務マニュアルは現場を知らないと作れない

業務マニュアルは誰が作るべきでしょうか？

外注、ベンダー、自社といろいろ考えられます。しかし、業務マニュアルに限って言えば選択肢はありません。

業務マニュアルは、現場に特化したオーダーメイドのマニュアルです。現場を知らない外注スタッフでは作ることはできません。ベンダーもシステムには詳しいですが、現場は素人です。

業務マニュアルは、自社で作るしかありません。自社の中でも、情報システム部門などでは作れません。現場を担当しているエンドユーザーしか作れないのです。それも「知っている」だけの新人ではなく「説明できる」レベルの人でないと作ることはできません。業務を体系的に整理できて、そこから徐々に詳細化していく必要があるためです。

なお、業務マニュアルは現行システムのときに作ったものが存在するケースも多くあります。その場合は、わざわざ新規に作る必要はなく、現行の業務マニュアルを更新して作っていきます。

業務が変わる部分は新規で作成しますが、業務が変わらない部分はそのまま使えます。システム周りの説明だけ差し替えれば、短時間で完成します。

システム操作マニュアルは誰でも作れる

では、システム操作マニュアルは誰が作るべきでしょうか？

システム操作マニュアルは、現場業務を知らなくても作ることができます。答えとしては「誰が作ってもいい」となります。

導入するシステムがパッケージシステムであれば、基本的にはベンダーからもらいます。カスタマイズ部分はすぐに準備できていないとしても、標準機能のマニュアルは必ず持っているはずです。まずはそれを受領し、カスタマイズ部分は後でもらう、という流れになります。

スクラッチシステムの場合も、ベンダーに作ってもらうよう調整します。やはりシステムに一番詳しいのはベンダーです。全ての機能を網羅して作成するので、作り手であるベンダーが適切です。

ベンダーに依頼する場合は、後で揉めないようあらかじめ契約に盛り込んでおきます。また提供される時期も事前に確認しておきます。

外注や自社の新人が作成しても問題ありません。システム操作マニュアルの作成は、柔軟に担当者を決めていくことができます。

RULE 76 業務マニュアルは大勢で作らない

忙しいから分担したくなる

プロジェクトマネージャーのＰさんは、遅延の対策を考えています。

「進捗が良くないから業務マニュアルを後回しにしよう」

このプロジェクトでは、各メンバーがそれぞれ別の受入テストを行っていました。メンバーは自分がテストした範囲は詳しくなっています。

この状況下で、Ｐさんはこう考えます。

「テストが終わったメンバーからマニュアルを作らせよう」

終わったメンバーからマニュアルに着手すれば、隙間なく予定が埋まります。人的リソースを有効に活用できる、そう思ったのです。

この作戦はうまくいったように見えました。テストが終わったメンバーから、マニュアルの進捗がどんどん伸びていったのです。Ｐさんもひとまず安心しました。

ところが、マニュアル作成が80%の進捗を境に、進捗がパタッと止まってしまいます。予定通りだったはずが、結局は遅れとなってしまいました。いったい何が起きたのでしょうか？

マニュアルは十人十色

マニュアルは利用者の目に触れるものなので、作成後はレビューを実施します。筆者もいままで多くのマニュアルをレビューしてきました。

レビューしてきた中で、1つだけ確実に言えることがあります。

それは「マニュアルは十人十色」ということです。

同じシステムであっても、作り手によってマニュアルは全く別モノになります。「レイアウト」「配色」「構成」「省略方法」「強調の仕方」など、その人の個性が強く出ます。伝えたい内容は一緒なのですが、それをマニュアルに落とし込むと、実に様々な表現が入り乱れます。

マニュアルを大勢で作るということは、最終的にそれらを合体させることになります。合体後はどんな感じになるでしょうか？

・レイアウトがバラバラでわかりにくい
・配色に統一性がなく目が痛い
・言葉遣いが異なり読んでいてストレスを感じる
・全体的なツギハギ感を稚拙に感じる
・手抜きされたことを不快に感じる

これらを統一するためには、レビューを行う必要があります。しかし、業務マニュアルのレビューというのは、ある意味一番難しいと言えます。なぜなら内容の間違いではなく、内容以外の個性とも言える部分を指摘することになるからです。例えば「派手な色使い」とか「文章の途中でフォントを巨大化して強調」や「立派すぎるアイコン」などです。

この個性を指摘すると、指摘される方はかなりショックを受けます。作り手はその個性を気に入っており、愛着があるものです。指摘方法を誤ってしまうと「もう協力しない」という状況になりかねません。

レビューアーもそれを察し、多くの場合は指摘せずに自分で手直しすることになります。しかし結局は、元の作成者の目に触れたときにショックを与えることは避けられません。

冒頭のケースも、最後に全面的な見直しが入りました。プロジェクトの「エース」が全面改修して、かなりの時間を取られてしまいました。

利用者が見にくいと意味がない

業務マニュアルは、大勢で分担することを避けるべきです。

最初は進捗が良く見えますが、最後のレビューで停滞します。レビュー後の修正を含めると、ひとりで作った場合と変わらなくなります。むしろ大勢が稼働するほど、トータル工数で損をします。分担して協力してくれたメンバーのモチベーションにも、悪影響を及ぼします。

業務マニュアルは、システムの利用者が使うものです。利用者にとって、大勢で作られたマニュアルの「やっつけ感」や「手抜き感」は一瞬で伝わってしまいます。レイアウトや配色の違いは、作り手が思う以上に読者に対してストレスを与えることになります。

プロジェクト側の都合で、現場が犠牲になることは避けるべきです。

4-2 システムを実際に使うユーザーを味方につける

4-1 マニュアル作成 → **4-2 説明会実施** → 4-3 稼働判定 → 4-4 本番稼働

● 当事者に説明する

新システムの当事者とは誰でしょうか？

ずっと活動を続けているプロジェクトメンバーは、確かに当事者です。現時点では誰よりも新システムを知っています。しかし、それ以上の当事者がいます。

現場の「エンドユーザー」です。

新システムが導入されると、今後何年にもわたり使い続けていくことになります。プロジェクトメンバーよりも多くの時間を過ごすことになります。

そのエンドユーザーは、まだ新システムの詳細を知りません。

「早く知りたい！」という人も中にはいるでしょう。しかし大半は「大丈夫なの？」「不安だ」「今ので十分」というネガティブな想いを持っています。

ユーザ　説明会では、そのエンドユーザーの方々に新システムについて説明を行い、良いイメージに変わるように働きかけていきます。良いイメージがないことには、スムーズな現場導入はできません。

● 直接会うという意味

プロジェクト側としては、なるべくマニュアルを配布するだけで済ませたいところです。でもその場合は、次のような反応が返ってきます。

「何も説明されていないシステムを使えるか！」

忙しい時期に説明会を開催するのは大変なことです。しかし現場の立場で考えてみると、直接説明を受けるのとそうでないのとでは全く印象が変わってきます。エンドユーザーの不満や不安を解消し、協力を引き出すのは、プロジェクトメンバーとの対面でのコミュニケーションであり、熱意です。

図2 ユーザー説明会でエンドユーザーの印象を変える

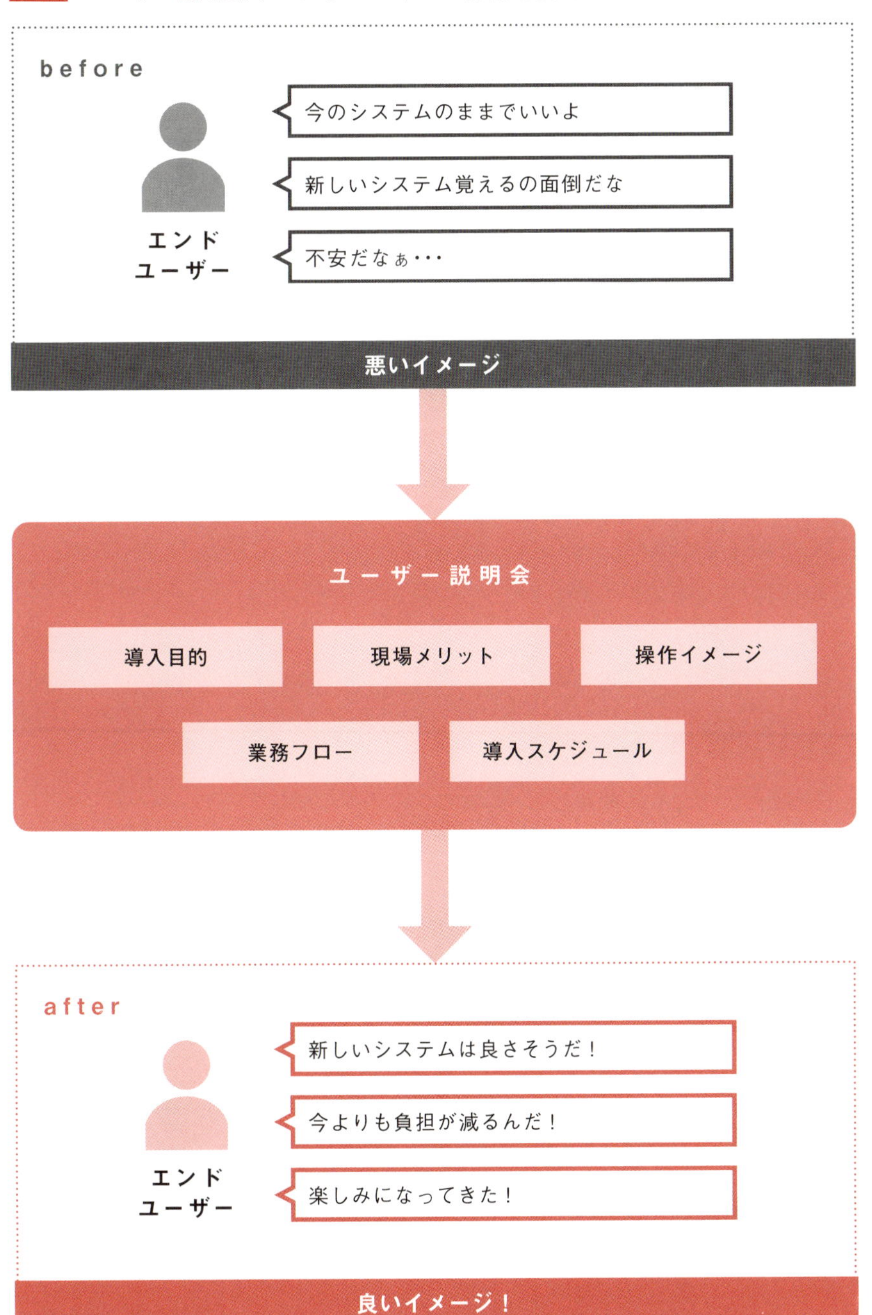

RULE 77

説明会で良いイメージを持ってもらう

参加者は敵だらけ

新システムの説明会で、全国の拠点から担当者が集まってきました。

このプロジェクトでは、システム説明会はベンダーとの契約に含まれており、ベンダーに依頼しました。ベンダー担当者は、慣れた口調で各機能を説明していきます。プロジェクト関係者も安心して見守っていました。ところが最後の質疑応答で、参加者から思わぬ反応が次々と返ってきます。

「我々の業務を本当に理解していますか？」

「それって今の人数を減らすってことですか？」

「今のやり方そのままの方がいいと思います」

重苦しい雰囲気で説明会は終わり、参加者は不満顔で帰っていきました。

その後、新システムは予定通りに導入しましたが、各拠点からは反対運動が起きます。経営トップは新システムの無期延期を決めるのでした。

誰が説明すべきか考える

説明会はどのように開催していけば良いのでしょうか？

現場は全員、新システムを歓迎しているかと言えばそうではありません。

現場は、今の運用を熟知しています。わざわざ新しい運用方法を覚えるのは、ストレスとなります。特に、職人芸のように複雑な運用を行っている担当者ほど、今の運用に愛着を持っています。

一方、プロジェクトメンバーは、新システムを入れる目的が最初にあるため、新システムに対して良いイメージしかありません。「新システム導入は当然」という考えで説明会を行えば、現場の反発を受けるのは当然のことです。

説明会開催のポイントを２つ整理します。

１つ目は「現場のメリットを全面に押し出す」ことです。

説明会の冒頭で、現場のメリットを丁寧に説明していきます。例えば

・以前から改善要望のあった自動計算を行うため、入力負担が減る
・大量の帳票をファイリングして保管することが不要になる

など、現状に比べて良くなったことをアピールします。

一方、企画書に書いてあった「残業コストの削減」や「不正操作の抑止」などは要注意です。経営のメリットと現場のメリットは必ずしも一致しません。現場がどう受け取るかを考え、良い印象を持ってもらうメリットに絞ります。

2つ目は「自社の人間が説明する」ということです。

ベンダーがタダでやってくれるとしても、自社がどれだけ忙しいとしても、基本的には自社の人間が説明すべきです。ベンダーは、システムの機能しか説明しません。ベンダーの説明では、業務の流れの中で何を操作するかは伝わりません。ベンダーに具体的な質問を投げても、そもそも現場の用語が理解できず、ちぐはぐな回答しかできません。

ましてや、そのようなベンダーから「現場が良くなります」と言われても、参加者への説得力は全くありません。

自社の人間が現場の立場で説明して、初めて聞いてもらえる土俵に立つことができます。そして、参加者が前向きな雰囲気になってから、ようやくシステム操作の説明に入ります。

新システムに対して良いイメージを持ってもらう

そもそも新システムの説明会は、何を目的にやるのでしょうか？

エンドユーザーに対して、新システムの操作方法を理解してもらうことが挙げられます。しかしそれ以上に、良いイメージを持ってもらうことが重要です。

新システムへの不信感が生まれると、操作方法の学習意欲が失われてしまいます。現場に導入した後に、ちょっとしたことでもクレームだらけになってしまいます。不満は伝染し、それが広がったときには手遅れとなります。

逆に新システムに良いイメージがあれば、多少の考慮漏れや不備があっても現場はカバーしてくれます。

新システムへの印象1つで、結果は真逆のものになります。説明会は「新システム導入の反対派全員を味方に変える」ぐらいの意気込みで実施します。強い懸念がある人には、説明会より前に個別で話をすることも必要です。

参加者が笑顔で帰ってもらうこと。これが成功かどうかの基準になります。

RULE 78 業務説明が先、システム操作が後

説明順序を間違えるとどうなるか

新システムに関して、説明したいことは山ほどあります。限られた時間の中で、それらを効率的に伝えていく必要があります。

説明会でエンドユーザーに伝えるべき内容は何があるでしょうか？

プロジェクトメンバーで洗い出してみると、たくさんの事項が出てきます。おそらく、それらは全て伝えるべき内容でしょう。

ただし、伝えるべき内容は、正しい順番で説明しなければ伝わりません。全く同じ説明をしたとしても、順番を間違えると参加者の耳に入らなくなります。

例えば、いきなりシステムの操作を説明したとします。

「この操作は、一体何を行うときに必要なのか？」

「現行の手続きは継続するのか？　なくなるのか？」

など疑問点ばかりが頭に浮かんでいきます。参加者は質問で頭の中がいっぱいになり、説明の理解が追いつかなくなってしまいます。

参加者は、業務の流れをイメージしながらシステム操作説明を聞いています。業務説明がない状況から始めると、業務とシステムの紐(ひも)づけがうまくできずに混乱していきます。そして、説明会の時間が経つにつれ不信感が増幅され、新システムの評価がどんどん下がっていくのです。

説明には順序がある

説明の順番は、先に「業務説明」、次に「システム操作説明」となります。

業務説明とは「導入の目的やメリット」「導入スケジュール」「運用フローの変更点」などが該当します。これらを説明することで、まずは全体像のイメージをはっきりとさせます。次にシステム操作で詳細を説明するという流れです。

特に最初のパートの「導入の目的やメリット」は重要です。ここで新システムへの動機づけがうまくできれば、その後の説明が非常にスムーズにいきます。よって、このパートだけは影響力のある人が話をすべきです。

図3 説明会アジェンダのイメージ

No	議題	説明者	時間	備考
1	導入概要説明 ①システム導入の目的 ②導入のメリット ③導入スケジュール	A部長	10：00 ～ 10：15	システム導入における全体概要を説明します。
2	新運用の流れ ①システム全体像 ②運用フロー（導入前／導入後）	B課長	10：15 ～ 11：30	現在の運用が新システム導入後にどう変わるのかを、運用フローの流れに沿って説明します。
3	休憩		11：30 ～ 12：30	
4	操作説明 ①受注・出荷 ②請求 ③売掛管理 ④マスター管理	C主任	12：30 ～ 14：00	具体的なシステム操作を説明します。 <説明箇所> ・操作マニュアル - 受注出荷編 （P1～5） ・操作マニュアル - 請求編 （P6～10） ・操作マニュアル - 売掛管理編 （P11～15） ・操作マニュアル - マスター管理編 （P19～20）
5	質疑応答		14：00 ～ 14：20	全体を通しての質問を受けつけます。

冒頭は影響力のある人が説明する

前半に業務説明、後半にシステム操作説明の順番とする

RULE 79 システム操作説明会のリハーサルは必ず行う

準備不足な説明会

システム操作説明会での出来事です。

その日、現場から30名が参加し、各席に用意されたPCで操作していきます。

ところが説明会に入る前に、マイクの音が出ない、椅子が足りない、コンセントが届かないなどで15分オーバーして開始となりました。

ようやく説明会に入ると、最初のログイン画面でアクシデントが発生します。

「私のIDではログインエラーが発生します」

参加者のうち、7名でこの事象が発生し、急きょ別のIDでログインし直しました。次は、検索画面の説明でも中断します。

「すみません、検索画面がフリーズしています」

説明会用の環境ではスペックが低く、30名が一度にアクセスしたためサーバーダウンが発生しました。急きょ、システムチームを呼んで対応しましたが、この対応で30分が過ぎてしまいました。

「すみません、本番環境ではこのようなことは発生しません」

「本来はこの後検索結果が表示されて、詳細ボタンを押します」

と口頭でフォローしますが、場は完全に白けます。

説明者は焦って早口となり、参加者はついていけなくなります。

「すみません、いまどこの説明ですか？　全然わからないんですけど」

結局、説明会は予定時間を60分オーバーして終了します。参加者は不満そうに会場を後にしました。

操作説明会のぶっつけ本番は論外

ぶっつけ本番でシステム操作説明会を行うと、必ずアクシデントに見舞われます。操作に詰まったり、想定外のアクシデントなどが発生したりすると、参加者は新システムに対して不信感を抱きます。

必ず前日までに「本番説明会と同等」のリハーサルを行い、当日の進行をスムーズに行えるように準備します。

以下にリハーサルのポイントを整理します。

①本番会場でリハーサルを行う
マイクテスト、コンセントの場所、座席数、電波状況などを確認します。
②説明会本番と同じ台数でPC接続する
説明会用の環境スペックに問題がないかを確認します。
③参加者全てのIDでログインする
ログイン失敗するIDがないか確認します。
④当日のシナリオ通りに操作する
シナリオ通りに画面遷移し、正しく表示されるかを確認します。
⑤説明者と参加者に分かれたリアルなリハーサルを行う
参加者目線でわかりにくいところを改善していきます。
⑥ OSやブラウザのバージョン違いを確認しておく
操作方法が異なる場合があるので事前に確認しておきます。
⑦デスクトップに必要なショートカットを作っておく
説明をスムーズに進行するためにショートカットは必要です。
⑧必要なサンプルデータを準備しておく
例えば、検索画面で検索ヒットするようなデータを準備しておきます。
⑨リハーサル時に時間を計測する
当日に時間オーバーしないよう、ペース配分を確認しておきます。

リハーサルで不備は必ず見つかる

リハーサルは準備が大変で、実施も手間がかかります。受入テストが忙しいので、できればやりたくないというのが正直なところです。

しかし、リハーサルを行わなければ、必ず説明会は失敗してしまいます。参加者の印象は最悪なものとなり、その後の導入に大きな支障をきたします。

リハーサルを行えば、必ずたくさんの不備が見つかります。これらを改善することで、初めて当日の説明会をスムーズに行えます。

リハーサルの有無は、エンドユーザーの評価に影響します。今までの頑張りが帳消しにならないよう、リハーサルは入念に計画し進めていきます。

4-3 新システムの稼働判定会議を開催し全社的に判断する

4-1 マニュアル作成	4-2 説明会実施	4-3 稼働判定	4-4 本番稼働

● 稼働 OK ？

稼働判定とは「新システムを現場で稼働させて良いか」を判定するものです。プロジェクト関係者を全員集めて、全社的に判断していきます。

稼働判定は、現在の準備状況を総合的に判断していきます。判定の内容としては「受入テストの結果」「ユーザー教育の状況」「運用課題やシステム障害の対応状況」を中心とし、それらを細分化した評価項目を作成していきます。

なお、呼び方は「リリース判定」「移行判定」「カットオーバークライテリア」など様々ありますが、本書では「稼働判定」で統一します。

● 稼働判定には２パターンある

この稼働判定には、稼働方針によって２パターンに分かれます。

現行システムと新システムの並行稼働期間を設けず、ある時点で一斉に切り替える場合、その前に「本番稼働判定」を行います。

一方、現行システムと新システムを一定期間並行稼働させる場合、「並行稼働判定」と「本番稼働判定」の２段階で判定を行います。

「並行稼働判定」の場合、現行システムがまだ動いているため、多少の問題があっても修正していくことが可能です。そのため、問題が局所的であれば「OK」という判定を出すことができます。

「本番稼働判定」の場合、失敗は業務トラブルに直結するため、原則として問題は全て解決している必要があります。そのため厳しい基準で判定していきます。

これらを「稼働判定表」として資料化し、稼働判定会議を開催します。この会議で「OK」となって、初めて新システムは現場で稼働させることが正式に決定します。

図4 並行稼働なし(一斉切り替え)のパターン

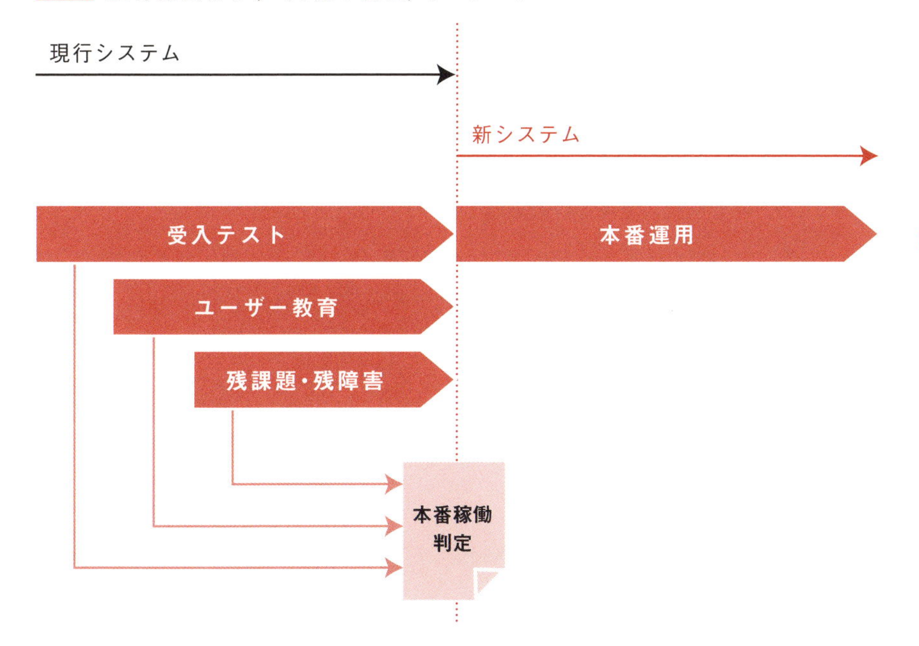

図5 並行稼働ありのパターン

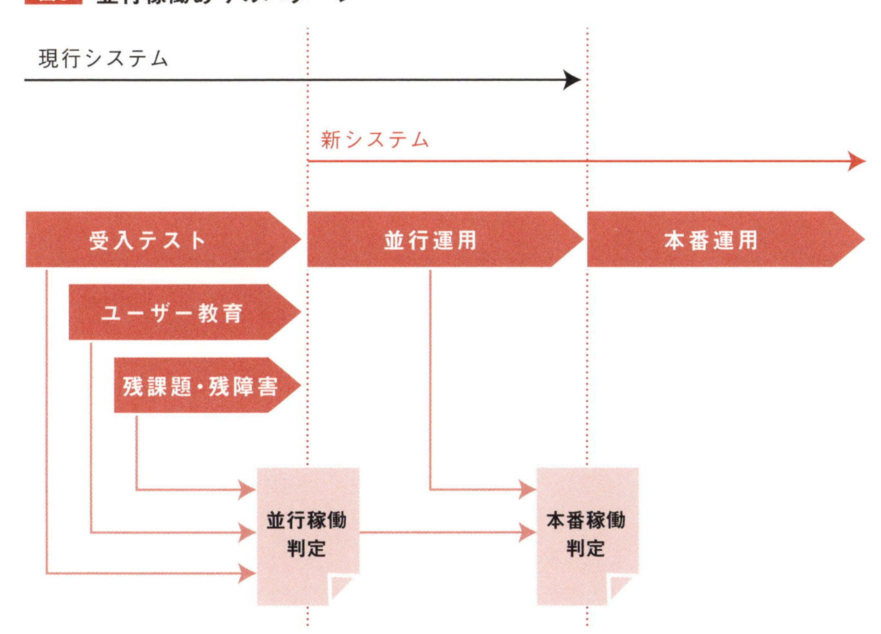

RULE 80
システム稼働判定は自社主導で必ず行う

ベンダー主導の稼働判定会議

あるプロジェクトでは、テスト工程が全て完了したため、稼働判定会議を開きました。プロジェクトオーナーである役員を含め、自社のプロジェクトメンバー全員と、ベンダーの主要メンバーが出席しています。ベンダーが作成した「稼働判定表」をもとに、評価の説明が行われていきました。

「全テストが終了し、バグも全て対応しました。問題ありません」

それを聞いたプロジェクトオーナーは、本番稼働にGOサインを出しました。

翌月から新システムは稼働を開始します。ところが問い合わせ窓口に

「現行の帳票と新しい帳票とどっちを使うか整理してほしい」

「システムの使い方が全くわからない」

「よく見たら金額がおかしいけど大丈夫なの？」

と現場からの電話が殺到しました。実は、システム説明会の日程調整がうまく行えず、予定の半分しか実施できていませんでした。また、マニュアルも作成が遅れており、現場に配布できていません。運用上の課題もいくつか残しています。

ベンダーの報告では「バグも全て対応完了」となっていましたが、よく聞いてみると優先度の高いバグに限定した話でした。よってそれ以外のバグはまだ残っており、一部の金額が間違って表示されていました。

このプロジェクトでは、実績のある大手ベンダーに発注しました。ベンダーの推進力も高く、システムの品質も特に問題ないように見えます。そのため、自社のプロジェクトマネージャーは、プロジェクト管理をほとんど「ベンダー任せ」にしていました。今回の判定結果についても、実態を把握しておらず、ベンダーの報告を鵜呑みにしていました。

稼働判定とは総合的に判定すること

稼働判定とは、平たく言えば「新システムで運用して大丈夫か？」を判定することです。この稼働判定で評価すべき項目は何があるでしょうか？

まずベンダーの側面で考えてみると「ベンダーのテスト結果」が挙げられます。

全てのテスト項目が完了していることは大前提です。その上で、テストで発生したバグも全て解消されていることを確認します。

次に、自社の側面で考えてみます。「自社の受入テスト結果」もベンダーテストと同様に、テスト完了とバグ解消の状況を確認します。

一方、テスト以外で考えると「ユーザー教育の状況」も重要です。新システムは現場のエンドユーザーが使うものです。そのエンドユーザーがきちんと使いこなせなければ意味がありません。具体的には「新システムのマニュアルが整備されていること」「エンドユーザーの習熟度が上がっていること」が挙げられます。

また「運用上で重要な課題が残っていないこと」も確認します。運用方法がはっきりしていないと、現場は混乱します。システムのバグ解決と同様に、運用課題の解決状況も確認していきます。

システム稼働判定とは、これらを総合的に判定していくものです。「稼働判定表」を作成し、プロジェクト関係者が全員集まった場で、判定会議を行います。

自社しかできない

この稼働判定表ですが、準備するにはそれなりに大変です。

ところが経験豊富なベンダーは「やりますよ」と作成を積極的に引き受けてくれます。納品物としても契約に明記してくれます。

ちょっと得した気分になりますが、その背景を考えるべきです。

仮にベンダーが稼働判定表を作った場合、間違いなく「稼働 OK」という結論になります。システム稼働が延期になると、困るのはベンダーだからです。プロジェクトが長引くほど、ベンダーは赤字になっていきます。ベンダーとしては、システムに問題があろうが、運用に問題を抱えていようが「問題なし」という結論ありきで作ります。

そもそも、ベンダーは自分たちのテスト結果しか把握していません。ユーザー教育や運用の課題状況は、知る由もありません。そのようなベンダーに作成を任せるとどうなるか……ということです。

新システムを客観的に評価し、社内の準備状況を把握できるのは自社だけです。稼働判定表は、間違いなく自社が作るべきです。

RULE

81 稼働判定表はこう作る

重要な判断を行えるように作成する

稼働判定表は、多くの関係者の目に触れ、プロジェクトで最も重要な判断を行うための資料です。この資料で大切な要素は何でしょうか？

稼働判定表を作成するポイントを２点挙げてみます。

①客観性を確保する

判定を出すためには、根拠が必要です。各評価項目に対して「何を確認して、その結果がどうだったか」を客観的に表現する必要があります。そのため、確認した「エビデンス」を明記し、結果を「定量評価」として数値化していきます。

②網羅性を確保する

稼働判定には、総合的な判断が求められます。一部の都合の良い観点だけで判断すると、稼働後にトラブルが発生する恐れがあります。軽率な判断とならないよう、稼働判定表は評価項目の網羅性が重要になります。まずは「受入テスト」「ユーザー教育」「残課題」「その他」に分け、その上で評価項目を詳細化していきます。

稼働判定会議は予定通りの日程で開催する

稼働判定を行う時点で、全ての評価項目が「合格」になっていれば問題ありません。しかし、タイトなスケジュールの中で全てが合格となるのが本番直前となることは珍しくありません。だからといって、全て合格するまで判定会議を延期したり、判定結果を不合格と結論づけしたりするのは、極端すぎます。

もし、合格になっていない項目であっても、本番稼働日までに合格となる目途が立っていれば、対応予定日を明記した上で「条件つき合格」としておきます。

「稼働判定会議」も「本番稼働日」もプロジェクトにとっては重要なマイルストーンです。予定通りに進めるよう準備をすべきです。

図6 本番稼働判定表のイメージ

分類	評価項目	エビデンス	定量評価	定性評価	判定
受入テスト	要件機能テスト	要件機能テスト項目書／テスト結果	22/22（合格数／テスト数）	要件一覧で定義された機能が全て動作することを確認済み。	○
受入テスト	シナリオテスト	シナリオテスト項目書／テスト結果	14/14（合格数／テスト数）	主要取引の14パターンを定義し、全て問題ないことを確認済み。	○
受入テスト	外部連携テスト	外部連携テスト項目書／テスト結果	26/26（合格数／テスト数）	テスト初期段階でバグが多発したが、現在は全て解消している。	○
受入テスト	現新比較テスト	現新比較テスト項目書／テスト結果	49/51（合格数／テスト数）	ベンダー修正待ちあり（障害2件）。3/20に対応完了見込み。	△
ユーザー教育	業務マニュアル	業務マニュアル	9/10（完了数／総数）	[illegible]っている（3/19完了見込み）。それ以外は完成している。	△
ユーザー教育	システム操作マニュアル	システム操作マニュアル	3/3（完了数／総数）	ベンダーから受領済み（基本操作編／マスター登録編／システム管理者編）。	○
ユーザー教育	システム操作習熟度	説明会資料アンケート結果	9/10（習熟度高／アンケ[illegible]	10拠点への説明は全て完了している。現場へのアンケートを実施し[illegible]	○
残課題	運用の残課題	課題管理表	24/2[illegible]（完了数／総数）	残1件あり（3/20までに解消予定）	△
残課題	システムの残障害	障害管理表	30/37（完了数／総数）	現新比較の2件以外に障害が5件残っているが、軽微なため本番稼働後に対応予定。	△
データ移行	マスターデータ	マスターデータ照会結果	3/3（完了数／総数）	新規データは発生都度登録しており、最新化されている（顧客マスター／商品マスター／パターンマスター）。	○
インフラ整備	タブレット配布状況	配布状況一覧	25/25（配布数／対象数）	対象25名への配布が全て完了している。	○

確認結果を数値化する

合格ではないが完了見込みが立っているものは予定日を明記し、判定を△とする

まず分類した後に、評価項目を詳細化していく

総合評価コメント	3/20までに判定結果は全て合格となる見込みであり、稼働の準備は整っている。	総合判定	○

RULE

82 並行稼働後の稼働判定表はこう作る

並行稼働結果が全て

並行稼働判定を行う場合、「並行稼働判定」と「本番稼働判定」の２段階で判定を行います。この２つの判定内容はおおよそ似ていますが、後者にだけ「並行稼働」という評価項目が追加となります。

並行稼働を行うメリットは多くありますが、稼働判定においては「現新比較テストがリアルタイムに行える」という点が非常に魅力的です。

全く同じ日程で、全く同じ内容を入力することで、その出力結果を即時に「答え合わせ」ができます。また、答え合わせをする過程で、新システムへの入力ミスなども是正され、現場の習熟度も飛躍的に向上します。

本番稼働判定においては、この並行稼働の結果が全てです。

「並行稼働で比較結果が問題なく、障害も発生しなかった」

という、これほど説得力のある結果は他にありません。並行稼働の評価項目は「現新比較テスト」「課題・障害状況」「エンドユーザーヒアリング」と細分化し、それぞれの結果を記載していきます。

並行稼働は長引かせない

並行稼働は、稼働リスクを小さくするという点でプロジェクト側から見ると非常に優れた方法です。並行稼働結果が満点合格すれば、本番稼働後に大きな問題が発生することはまずないと言えます。

一方、並行稼働は現場に大きな負担を強いることになります。現行システムと新システムの両方を操作するため、単純に考えれば負担は２倍となります。

プロジェクトメンバーは、常に現場にいるわけではないので、その負担を見過ごしてしまうことがあります。全件合格を重視するあまりに、並行期間をどんどん延ばしていくことは避けるべきです。

並行稼働で発生した問題はすぐに対処し、１日も早く並行稼働を終わらせるよう、プロジェクト側は全力を尽くすようにします。

図7　並行稼働後の本番稼働判定表のイメージ

分類	評価項目	エビデンス	定量評価	定性評価	判定
受入テスト	各テスト	各テスト結果	3/3（合格／テスト種類）	3/15に全て合格している（要件機能テスト、シナリオテスト、外部連携テスト）。	○
ユーザー教育	業務マニュアル	業務マニュアル	／総数）	格している ル、システム 操作マニュアル作成）。	○
残課題	運用の残課題	課題管理表	25/25（完了数／総数）	残1件あったが、3/20に解消している。それ以外は問題なし。	○
	システムの残障害	障害管理表	12/17（完了数／総数）	3/15に合格している（軽微な障害が5件残っているが、本番稼働後の対応で決定している）。	○
データ移行	マスターデータ	マスターデータ照会結果	3/3（完了数／総数）	3/15に全て合格している。	○
インフラ整備	タブレット配布状況	配布状況一覧	25/25（配布数／対象数）	3/15に全て合格している。	○
並行稼働	現新比較テスト	現新比較結果（3月データ）	10/10（合格数／事業所数）	10拠点全てで出力結果が一致することを確認済み。	○
	課題・障害状況	障害管理表	1/1（完了数／発生数）	マスター登録不備で1件障害が発生したが、現在は解消済み。それ以外は問題なし。	○
	エンドユーザーヒアリング	ヒアリングシート	10/10（合格数／事業所数）	10拠点の代表者にヒアリングを実施し、問題ないことを確認した。	○

過去に完了したものは簡略化しグレーアウトする

前回の並行稼働判定から追加した項目

総合評価コメント	3月において並行稼働を実施し、全ての評価項目で問題がないことを確認した。	総合判定	○

RULE 83 稼働判定はプロジェクトマネージャーの責任で進める

オーナーの不信感

あるプロジェクトでは、重々しい雰囲気の中、稼働判定会議を行いました。プロジェクトメンバーは全員参加し、普段は顔を出さないオーナーも出席しています。ベンダーの主力メンバーも同席しています。

最初に稼働判定表の内容にもとづき、問題ないことが説明されました。その次にプロジェクトメンバーがコメントを発表し、いずれも稼働に向けて問題はない、といった内容です。

オーナーは黙って聞いており、最後にようやく口を開きました。

「現場に新システムのインタビューはしたのか？」

「実際にシステムを使っている連中は不満だらけだったぞ」

その結果、判定会議ではオーナーの承認を得られず、稼働は保留となりました。プロジェクトメンバーが現場へのインタビューを行ったところ、次から次へと不満が続出しました。特に取引先のクレームに繋がる請求書については、厳しい指摘と改善要望が出されました。

再び稼働判定会議を行うまで、1か月の月日が過ぎていくのでした。

判定会議の失敗はプロジェクトマネージャーの責任

稼働判定でNGとなった場合の責任を考えてみます。

現場から十分な評価がもらえなかったのは、プロジェクト側の責任と言えます。ユーザー説明会などで、もっとエンドユーザーの反応を慎重に確認しておくべきでした。

しかし、確かにその責任はありますが、それ以上に根本的な問題があります。それは「なぜ事前にオーナーの見解を確認していなかったのか」という点です。この責任は誰にあるのでしょうか？

もし判定会議でオーナーの承認を得られない場合、その責任は自社のプロジェクトマネージャーにあります。オーナーが気にしている観点を事前に確認できていないことは、コミュニケーション不足に他なりません。その落ち度を自社とべンダーの出席者全員に背負わせることは、あってはならないことです。

プロジェクトの状況は定例会の場で報告しますが、それとは別に定期的に個別報告する場が必要です。オーナーの観点を確認したり、リスクを点検したりするなど、経営層とベクトルを合わせていくのです。

企業には経営方針があって、それを具現化したものが新システムです。経営の意思が反映されていない新システムは、プロジェクト側の自己満足にすぎません。

プロジェクトマネージャーの役割として、自社メンバーやベンダーとのコミュニケーションは重要です。そこは得意なのに、オーナーとのコミュニケーションは後手に回ってしまう、という人をよく見かけます。

例えるならば「船の中はしっかり管理するが、船の進む方向は確認していない」ということです。船員のことを本当に思うなら、まずは進む方向を誰よりも責任を持って確認すべきです。

事前に見せておく

稼働判定会議に向けて、プロジェクトマネージャーのやるべきことはオーナーへの確認だけではありません。事前にNGとなる項目がわかっているのであれば、早急に手を打っておく必要があります。

そのため、稼働判定資料を作成したら、そのまま判定会議で初披露するのではなく、事前にプロジェクト定例会で毎回見せておくべきです。その時点での評価状況を共有して、プロジェクト内で対応策と期限を具体的に設定していきます。

同じようにオーナーとも評価状況を事前に共有し、本番稼働に向けてやるべきことを確認しておきます。

「想定されるリスクの何は許容できて、何は許容できないのか」「事前に手を打っておくことは何か」など最後の山場に備えて、オーナーと確認するべきことはたくさんあります。

プロジェクトマネージャーは、予定通りに稼働判定で承認され、予定通りに本番稼働を迎えるために、用意周到な準備が求められます。

4-4 万全な準備で本番稼働を迎える

4-1 マニュアル作成 → 4-2 説明会実施 → 4-3 稼働判定 → 4-4 本番稼働

今までの延長で考えない

新システムの本番稼働とは、現場で新システムを用いて運用を開始することです。今までのテストとは異なり、本番データを用いて、実際のエンドユーザーが業務を開始します。

本番稼働での「本番障害」は今までとは意味合いが異なります。テスト時の「テスト障害」は、プロジェクトとベンダーの調整で済みました。ところが、本番障害では業務に実害が発生します。そのためベンダーと調整するだけでは済まず、現場の影響確認やリカバリーを早急に実施する必要があります。重大な障害の場合、ベンダーへの責任追及まで発展してしまいます。

そのため、本番稼働の当日、プロジェクト関係者は独特の緊張感に包まれます。プロジェクトの最後にして、最も大きなイベントとなります。

有終の美を飾るために

本番稼働を無事に成功させるためには、移行計画を綿密に作成してきます。当日をスムーズに進行するための準備、何か問題が発生した際の計画など、プロジェクトとして考えられる準備は全てやっておきます。

移行準備は、当日だけ準備するのではなく、事前に準備を進めておきます。事前に確認できることや事前に行えることは、なるべく前もって実施しておきます。

移行当日は作業ボリュームを抑えることで、その日に計画した作業を確実に行えるようにします。自社で実施する作業、ベンダーで実施する作業を明確にしておき、スムーズに移行を進めていきます。そのためには、自社メンバーだけでなくベンダーの体制も万全を期しておきます。

図8 本番障害は今まで積み上げてきたものを台無しにする

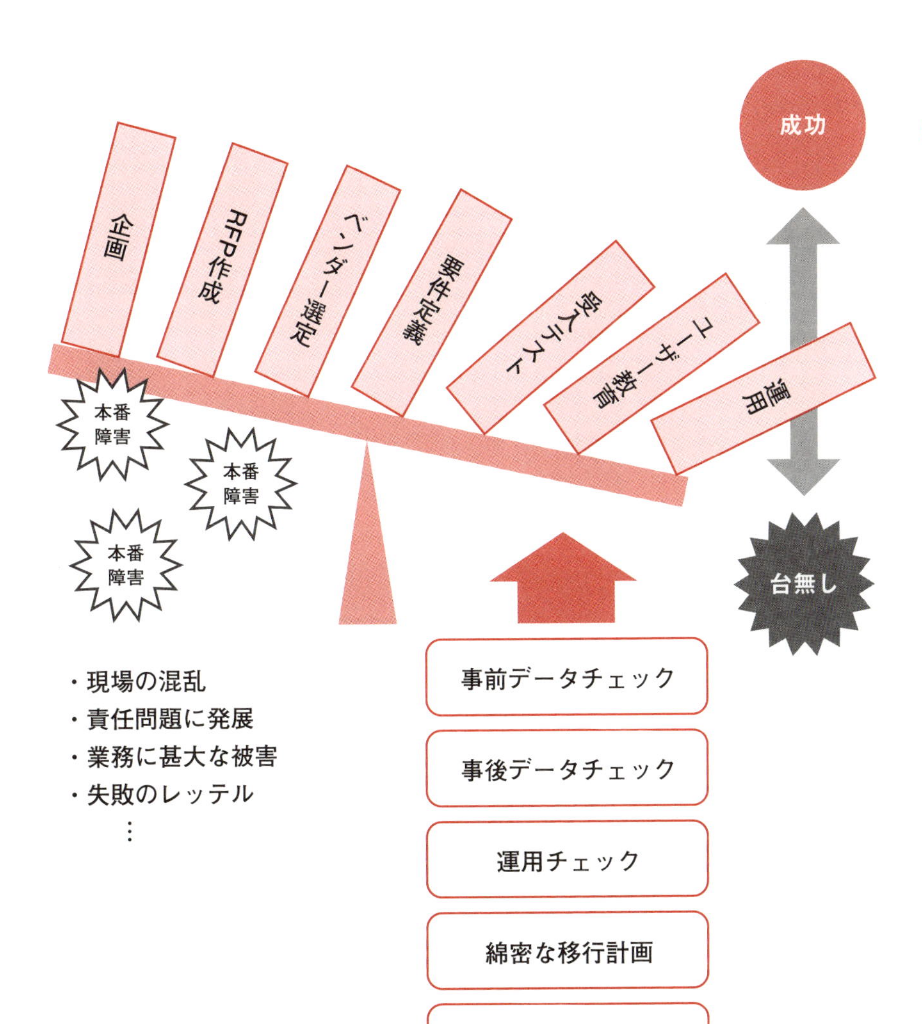

RULE 84 初回稼働時は考えうる全てのチェックを行う

最後の最後にケチがつく

そのプロジェクトは順調そのものでした。予定通りにシステム本番稼働を迎え、体制も万全を期していました。

ところが、すぐにシステム障害が発生してしまいます。

直前でマスターデータを追加しており、入力ミスがあったことが原因でした。計算式の区分を間違えて設定したため、不正な金額計算が行われていました。取引先にも影響する大きな障害となり、プロジェクトメンバーは夜通しで対応に追われます。

このシステムは、その障害以外は完璧でした。ベンダーも自社も入念にテストを行い、品質も万全でした。本来なら称賛されるべきプロジェクトです。

しかし最後の最後に障害という形でケチがつき、称賛されるどころか周囲からは批判的な声が上がってしまうのでした。

初回稼働時は念には念を入れる

システムの本番初回稼働は、今までのプロジェクトの集大成となる一大イベントです。数か月または数年間の頑張りが結果となって現れる瞬間です。どれだけ準備できたかが問われます。

この初回稼働で失敗したら、今までがどんなに完璧であろうがケチがついてしまいます。何も知らない部外者は、表面的な障害だけで失敗プロジェクトと決めつけてきます。それが最も悔しいことです。

一方で、障害が発生した後には大抵「あのとき確認していればよかった」と後悔することになります。この後悔をしないために、考えうる全てのチェックを行い、失敗する確率を少しでも下げていきます。

チェックは大きく3つに分けて考えます。

①事前データチェック

最も手軽に実施でき、効果の高い施策です。チェックは当日だけでなく、前日、3日前、1週間前から事前に確認し、不備があれば対応します。先手を打つことで当日に慌てないようにしておきます。

・最終更新日チェックで直前に不正更新がないか
・金額や処理ステータスに異常値がないか
・テスト専用データが残ったままになっていないか

②事後データチェック

本番稼動後は、当日から1週間は毎日チェックを行います。また週次処理、月次処理が一通り初回稼働するまでは定期的にチェックします。システムに組み込んだチェックとは違う切り口でチェックすることで、効果が高くなります。

・当日のデータ移行が正しく行われたか
・稼働後に想定外の入力操作や不正処理が行われていないか
・初回稼働処理のログ確認で異常終了がないか
・金額や処理ステータスに異常値がないか

③運用リストチェック

運用フローに沿って、システムの操作に漏れがなく、正しく運用されているかを確認します。事前に「運用チェックリスト」を準備しておきます。

日次処理、週次処理、月次処理ごとに初回稼働タイミングは異なってきます。しばらくは面倒でも毎回チェックし、問題なさそうなチェックから次第に外していくのが無難です。

人事を尽くして天命を待つ

初回稼働で考えうる全てのチェックを実施したならば、後は自信を持って結果を見守ります。もし不安があるならば、チェックが足りないのかもしれません。別の切り口からも掘り下げてみて、チェックが可能か検討してみます。

その上で障害が発生したならば、仕方のないことです。真摯に受け止め、早急に対応し、再発防止策を検討すれば良いのです。

RULE

85 本番障害は軽率な対応を行わない

些細な障害が大惨事を引き起こす

本番稼働後の初めての月次処理でエラーが発生しました。

即座にベンダー担当者に調査を依頼し、データを緊急更新します。その日の処理は無事に終了し、スピーディに対応できて一安心しました。

ところが次の日に問い合わせが殺到します。

「昨日まで問題なかった処理がエラーで動かない」

再び調査したところ、本来は対象3件を更新すべきところを、一律で1200件更新していました。そのためデータ全体で不整合を引き起こし、エラーとなっていました。

ユーザーはそのデータに対してすでに多くの更新もしており、復旧手順は複雑を極めます。現場は大パニックとなり、その日1日は業務が完全にストップ、大障害となるのでした。

スピードよりも優先されるもの

本番障害は、今までのテスト障害と同じ扱いで良いでしょうか？

本番障害は、現場に被害が及び、場合によっては取引先にも迷惑をかけます。大障害になると、業績にも影響を及ぼす事件に発展します。

今までの対応と異なってくるのは言うまでもありません。

テスト障害は、担当者同士のやりとりが中心で、スピード優先で対応してきました。些細な障害も多く、障害管理表で管理できていれば問題ありませんでした。

一方、本番障害はその延長線上にはありません。スピードは重要ですが、軽率な対応で二次障害になると大惨事となります。まずは影響調査で現状を把握した上で、次に対策を行っていくことになります。

障害の内容にもよりますが「画面の文言誤り」や「表示が多少崩れた」程度であれば、そこまで慎重な対応は必要ありません。

しかし「業務影響を与える障害」については、ベンダーに「障害報告書」を要求し、次の内容を確認していきます。

障害の事象説明／障害の原因／暫定対応／根本対応／再発防止策
／対応スケジュール

障害報告書は、自社とベンダーの責任者を交えて対面で報告してもらいます。この重々しい会議を再び行いたくないとベンダーが危機感を持てば、二次障害が発生しないよう対応も慎重になります。同類障害がないか、横展開の確認も真剣さが増します。

ベンダーは、本番稼働後の体制が薄くなります。プロジェクトチームは解散し、一般的には元の10分の1ぐらいの規模で保守体制が組まれます。そのため、ベンダーの対応は後手に回り、スケジュールもゆるめに設定されがちです。ベンダーの責任者クラスに伝えることで、企業としての責任ある対応を引き出します。

段階的に収束させる

本番障害時は「暫定対応」→「根本対応」の流れで実施します。

暫定対応はまずスピード優先で、とりあえず業務が進められる形に持っていきます。影響調査で特定したデータの直接更新などです。

また、根本対応を行うまで以下のように監視体制を強化します。

- **定期的にデータチェックを行い、再発データがないか確認する**
- **監視ツールを用いて、障害時は関係者にメールを自動送信する**
- **自社で運用チェックリストを作成し、障害手順を回避する**

根本対応では、全体的な視点で見直しを行います。プログラム修正が代表的ですが、それが全てではありません。システム観点では、個別ロジックを「継ぎはぎ」で追加していくと、今後の保守性が低下していきます。

業務観点では、「手順の見直し」「処理そのものをなくす」なども考えられます。視野を広げ、幅広い選択肢の中から最適な対応を考えます。

ベンダーを一方的に避難するのは簡単です。しかし、受入テストで障害を見つけられず、本番稼働判定でOKを出したのは誰でしょうか？

ベンダーだけの責任とはせずに、共同で根本対応と再発防止策を検討していく方が、改善への近道となります。

RULE

86 社内原因の本番障害は再発防止を考える

たまたまミスが発生する

本番稼働後、システムは順調に稼働していました。バグも発生せず、安定稼働していると言えます。ところがある日、取引先に誤った金額を請求していることが判明しました。原因を確認したところ、システムのバグではなく、担当者による取引先マスターの入力ミスでした。

「たまたまミスしましたが、次からちゃんとチェックします」

管理者Aさんは厳しく注意しますが、3か月後に同じミスをします。

「すみません、今度から他の人にもチェックしてもらいます」

Aさんは前回よりも強く注意し、その担当者は二度と同じミスを起こしませんでした。翌年、異動で別の人が担当になりました。するとすぐに同じミスが発生してしまいます。その担当者もこう言いました。

「たまたまミスしましたが、次からちゃんとチェックします」

人的ミスも構造上の問題と考える

システム稼働当初はシステムの不具合が目立ちますが、根本対応を行っていくと、システム障害は発生しなくなっていきます。

一方、人のミスによる障害はいつでも発生する可能性があります。10か月連続で問題なくても、11か月目で入力ミスが発生する、これが人的障害の恐ろしいところです。

例えば「伝票入力」「実績入力」「マスターデータの登録」などは定期的に行われるため、常にリスクがあると言えます。入力ミスは、困ったことにほとんど大きな被害となります。

そのミスを「たまたま」で済ませてしまって問題ないでしょうか？

人が作業を行う場合、人によって入力方法やチェックの仕方が異なります。同じ人であっても、日によってムラが出てきます。システムと違って、人が行う以上はミスがつきものです。ミスが発生する前提で、仕組みを考えていかなければなりません。

人的障害が発生した場合は、構造上の問題と捉え、再発防止策を検討します。再発防止策は、おおよそ次の3つに分かれます。

①システムの対応

発生した人的ミスの内容を、システムによる「入力チェック」や「自動入力」するよう修正します。システムの良いところは、一度組み込んでしまえば二度と同じミスは起きないという点です。

②運用の工夫

代表的な方法は、別の人による「二重チェック（相互チェック）」や「承認チェック」の強化です。チェックする側の気づきもありますが、作業を行う本人も「チェックされる」という意識から、自然と入力精度が高くなります。

また「チェックリスト」も有効な手段です。チェックリストの良いところは、自己チェックができるということです。第三者に頼らなくても、ある程度は自分自身でミスに気づけます。

③業務の見直し

業務や処理そのものを根本的に見直します。例えば「伝票の自動読み取り」「データのシステム間連携」などで手入力そのものをなくします。また「入力部署をシステム部門から発生源の営業部門に変更」なども連携ミスをなくす有効な手段です。

犯人捜しをする暇はない

入力ミスよる障害が発生した場合、誰が原因なのでしょうか？

直接的には担当者のミスが原因ですが、承認者がいるならその人も責任があります。もっと遡ると、システムの設計者が悪いかもしれません。その設計をレビューした管理者にも責任があります。

……と犯人捜しをする時間は不毛です。いかにミスが発生しない仕組みを考えるか、ここに時間を使った方がよっぽど有意義です。

いつ誰が行ってもミスが発生しにくい仕組みを構築する。

人的障害は、そのきっかけを与えてくれるものです。

第5章

システム運用／保守のルール

企画〜発注

要件定義〜設計

受入テスト〜検収

ユーザー教育〜本稼働

運用・保守

5-1 システムの開発体制から保守体制へスムーズに引き継ぐ

5-1 運用引き継ぎ → 5-2 運用・保守

保守は大変！

システムの運用・保守（以下は保守と略す）とは、本番稼働したシステムを日常的に運用し、業務をサポートしていくものです。

- 現場からのシステムに関する問い合わせに対応する
- 業務マニュアルやシステム操作マニュアルを更新していく
- システムでエラーが発生したら調査する
- システムエラーをベンダーに調査依頼および修正依頼を出す
- マスターデータを更新する
- ベンダーと仕様変更について調整する

保守メンバーは他のシステムを掛け持ちしていることも多く、日々対応に追われています。システムトラブルが発生した際には、現場調整、ベンダー調整、影響調査、対応方針の検討などで余裕が全くありません。

繁忙の波はありますが、基本的に保守は大変です。

全てを引き継ぐ

プロジェクトチームは、新システムが無事に本番稼働を迎えると解散となります。その後は保守チームに新システムの引き継ぎを行います。

保守メンバーとしては、新システムのことは全くわからない状態からスタートします。しかし、今後のシステム周りの作業を全て担当することになるため、中途半端な引き継ぎだと保守が行えません。保守に必要な情報は全て引き継ぎをしておく必要があります。

プロジェクトの最後の役割が、この「保守引き継ぎ」となります。

図1 開発体制から運用・保守体制への引き継ぎ

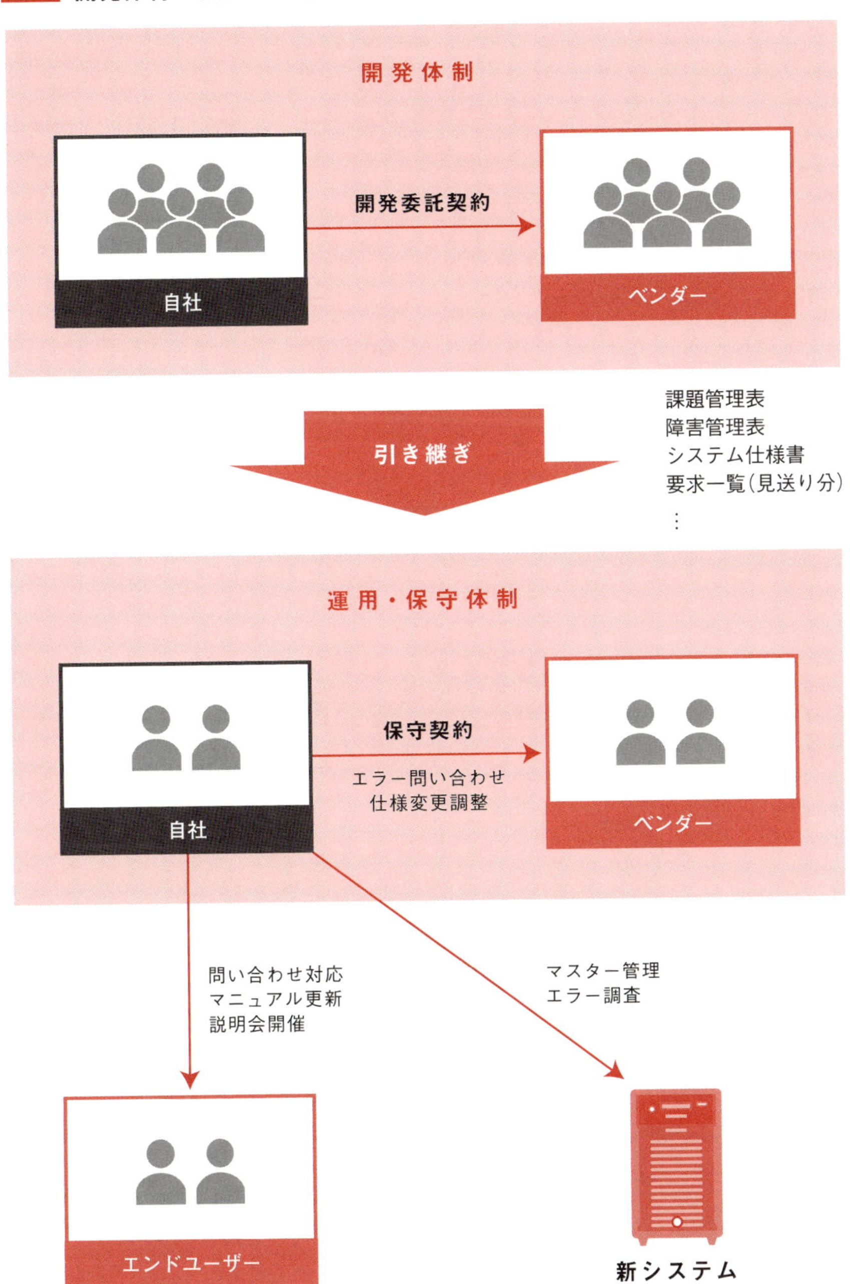

RULE 87 社内引き継ぎの前に体制を明確にする

グレーゾーンを作るからトラブルを引き起こす

ある給与計算システムで、本番稼働から3か月経過したときのことです。

社員から問い合わせがあり、給与支給の誤りが発覚しました。原因は、途中入社の社員について社員マスターをシステム部と総務部の双方で登録したためです。その結果、社員IDが2つ作成され、給与計算がおかしくなっていました。影響調査をしたところ、3名の社員が該当しました。

そのうちの2名は、システム部に問い合わせしました。システム部は、翌月に差額も併せて支給することを伝え、システムに翌月調整額を入力します。

残りの1名は、総務部に問い合わせしました。総務部は、すぐに追加振込を行います。それを知った2名は、異なる対応にクレームを入れるのでした。

引き継ぎの前に役割を整理する

システムの本番稼働後は、社内の体制も変わっていきます。ユーザー部門や運用部門が主体となり、プロジェクトメンバーが全員入れ替わることも珍しくありません。

システムの担当者が交代するので、当然引き継ぎが行われます。ところが引き継ぎが不十分のため、トラブルになる現場が多く見受けられます。

引き継ぎはなぜうまくいかないのでしょうか？

引き継ぎと言えば「システムの説明」や「残課題の説明」などをイメージしますが、その前にまず行うべきことがあります。

保守フェーズでの役割分担の整理です。

役割が明確になっていなければ、引き継ぎ先が決まりません。役割でグレーゾーンを作ってしまうから、運用後にトラブルを引き起こします。

「重要なマスターは誰が更新するのか？」

「現場からの問い合わせはどの部署が受けるのか？」

など整理したものが保守フェーズでの役割分担表となります。この役割を整理しない限りは、引き継ぎ自体が中途半端なものになります。

図2 保守フェーズの役割分担表サンプル

大分類	小分類	役割	内容	担当部門 A部門	担当部門 B部門	担当部門 情シス	担当者
業務管理	月次業務	月次処理のフォロー	月次処理のイレギュラーケースの入力フォローを行う	●			A さん
		月次処理のモニタリング	チェックシートによる月次処理結果の確認を行う	●			B さん
	業務管理	ヘルプデスク対応	エンドユーザーからのシステム操作やエラーに関する問い合わせの受付	●		△	A さん
		マニュアル整備	マニュアルの更新、配布を行う	[illegible]	[illegible]	[illegible]	[illegible]
		ユーザー教育（システム）	システム操作方法の説明会、研修等を企画・運営する	[illegible]	[illegible]	[illegible]	[illegible]
		ユーザー教育（業務）	○○業務についての概要説明、運用ルール等を説明する	●	△		D さん
マスター管理	ユーザーマスター	ユーザー情報の登録	新規ユーザーを登録し、ユーザー ID を発行する			●	E さん
		パスワード管理	ID の失効、パスワード忘れ時のリセット等に対応する			●	F さん
	システムマスター	お知らせメッセージ更新	ポータル画面のお知らせメッセージを更新する	●			A さん
		画面表示設定の管理	各画面の表示／非表示、表示項目の計算方法などを設定する	●			A さん
	業務系マスター	取引先マスターの管理	取引先マスターの登録、変更、削除を行う	●			A さん
		商品マスターの管理	商品マスターの登録、変更、削除を行う	[illegible]	[illegible]	[illegible]	[illegible]
		銀行口座マスターの管理	銀行口座マスターの登録、変更、削[illegible]行う	[illegible]	[illegible]	[illegible]	[illegible]
保守管理	アプリ保守	仕様変更の管理	システムの修正要件を作成・管理する	●			A さん
		仕様変更のベンダー調整	障害管理表をメンテナンスし、システムの修正要件をベンダーと調整する	●			A さん
		アプリ障害対応	障害発生時にベンダーへの問い合わせ、対応策を調整する	●		△	A さん
		ベンダーへの問い合わせ	操作方法やエラー対処についてベンダーに問い合わせを行う	●		△	A さん
	インフラ保守	サーバー管理	サーバーダウン等、サーバーエラー発生時に対応する			●	E さん
		クライアント PC 管理	PC における故障の受付、新規分のセットアップと発送を行う			●	F さん
		タブレット管理	タブレットにおける故障の受付、新規分のセットアップと発送を行う			●	F さん
		無線機管理	無線機における故障の受付、新規分のセットアップと発送を行う			●	F さん
その他	その他	保守契約	ベンダーと保守契約の調整および締結を行う	●			X さん
		予算管理	保守費用、カスタマイズ費用、ハードウェア費用に関する予算を管理する	●			Y さん

問い合わせ窓口はあらかじめ決めておく

マスター管理の担当を明確にし、入力トラブルを防ぐ

RULE 88 保守メンバーを交えて課題をたな卸しする

保守担当者の不満

営業支援システムの保守担当Aさんは、システムに関する問い合わせの窓口となりました。引き継ぎの説明は受けており、張り切っています。

そこに現場から次々と問い合わせが殺到します。

「1か月以内に帳票を修正する話だったけど、まだ対応してないの？」

「検索ボタンを押すとフリーズするけど、どうすればいいの？」

Aさんはそれについては何も引き継いでおらず、ただ謝るしかありません。

次はベンダーからメールが来ました。

「障害表に新規起票された3件は過去にすでに起票済みです」

「御社内で情報共有はお願いします。調査工数が無駄に発生するので」

元のプロジェクトメンバーはすでに別のプロジェクトにアサインされており、なかなか連絡がつきません。

「こんなに課題が残っているなんて聞いてない！　作り散らかしただけだ！」

Aさんはつぶやくのでした。

プロジェクトは本番稼働で終わりではない

システムの本番稼働では、嵐に巻き込まれたように対応に追われます。連日の休日出勤で疲弊していることも珍しくありません。一区切りついたら「後はヨロシク！」と力が抜ける人も少なくないでしょう。

プロジェクトとしては終了モードが漂いますが、最後の重要なタスクがあります。プロジェクトの残タスク、残課題をきれいに整理して、保守フェーズに引き継ぐ作業です。保守フェーズにスムーズに移行して、ようやくプロジェクトは終了となります。

では主に何を整理すれば良いでしょうか？

プロジェクトで管理していた2つの資料が中心となります。

①課題管理表の整理

大量の社内課題が残ったまま保守チームに丸投げすると、運用トラブルの温床となります。仕掛中のものは、なるべく引き継ぎ前に解決しておきます。また本番稼働後で新たに発生した課題も、漏れなく記載して、保守チームに情報共有しておきます。

②障害管理表の整理

本番稼働が終わったことで、クローズできる障害が多数あるはずです。まず残件数を極限まで減らします。また課題と同様に、本番稼働後で新たに発生した障害も、きちんと記載しておきます。

保守メンバーには「ベンダー責任の障害」と「自社の要望」とを分けて説明しておきます。ベンダー責任の障害は、追加費用なしでやってもらうため、経緯を明確にします。自社要望は、優先順位をつけてその理由も引き継ぎします。

保守メンバーを交えて整理する

課題管理表も障害管理表も、整理した後に保守チームに引き渡す方がスムーズに見えます。しかし結果だけ説明されても、その背後の経緯がわからず、情報量も少なくなってしまいます。

そのため、整理の段階から保守メンバーと一緒に行った方が、保守メンバーへの引き継ぎはスムーズになります。今まで何が起こっていて、ベンダーとはどんな関係性だったのか、今後はどんな方向にすべきなのか。これらはきれいにまとめられた説明を受けるよりは、話し合いの中で感じ取った方がより事実を伝えることができます。

また、整理する前から保守メンバーが加わることで、残っている課題や障害を隠すことも誤魔化すこともできません。正直に事情を説明し、今後をお願いするしかないからです。

たまに「開発チームの方が保守チームよりも偉い」と考えている人を見かけます。単に役割が違うだけで、そこに優劣はありません。保守で引き継ぐ方もかなり大変です。課題や障害を丸投げされた保守のメンバーは逃げることもできず、トラブル時は矢面に立たされます。

課題や障害を残して引き継ぐ場合は「こんなに残してゴメンナサイ」ぐらいの気持ちで保守メンバーに改善を託してください。

RULE

89 ベンダーと積み残しの最終確認を行う

社内の意見は統一できているか

システムが無事に稼働し、ベンダーと最後の打ち合わせを行いました。障害管理表の残り分を、上から読み合わせしていきます。

（自社Aさん）「それはベンダー責任でやってください」
（自社Bさん）「まあまあ、ウチにも非はありますから」
（ベンダーXさん）「Bさんの仰る通り、ウチだけの責任ではありません」
（自社Aさん）「……じゃあ、この修正は緊急でやってください」
（自社Bさん）「まあまあ落ち着いて、保守でゆっくりやればいいと思うよ」
（ベンダーXさん）「Bさんの言う通り、保守で手厚く実施させていただきます」
（自社Aさん）「……」

作戦を立てずにベンダーと調整しない

保守フェーズでは、今までのプロジェクトとは対応範囲が異なってきます。仕切り直しを行い、対応範囲と費用を定め、保守契約を結びます。その保守契約に含まれないものは、依頼すると追加費用が発生します。

一方、ベンダーの過失によるシステム障害は、無償で緊急対応を行ってもらう必要があります。ところが、悪質なベンダーになると、ベンダー過失であっても追加費用を要求してきます。

経緯を知っているプロジェクトメンバーであれば、突き返すことは簡単ですが、経緯を知らない保守メンバーはどうでしょうか？　ベンダーから「仕様変更」と言われれば、そのまま追加費用を払ってしまいます。

またベンダーを前にして社内で意見が割れていると、ベンダーも自分たちに都合の良い発言をした人に同調してきます。ひとりの不用意な発言のために、自社が損失を被ることは避けたいところです。

そのため、残っている障害と修正要望について、事前に社内で認識合わせを行っておきます。当初のスコープはどうだったのか、なぜベンダー過失なのか、なぜ仕様変更なのか、それらの経緯を共有します。その上で全社的な優先順位をつけます。ベンダーに対して「強く要求するもの」「妥協して良いもの」を事前に線引きしておく、ということです。

社内の認識合わせが済んだら、ベンダーとの最後の打ち合わせです。

打ち合わせでは、障害管理表について残件の読み合わせを行っていきます。具体的には、今回のプロジェクトスコープ内として対応してもらうものと、保守として別費用で行うものを切り分けていきます。その中で、あらかじめ社内で決めておいたストーリーにベンダーを誘導していきます。

ベンダー過失による障害について「時間切れのため別費用で」という理由を認めるわけにはいきません。一貫した態度で要求し、プロジェクト対応として期限を設定します。

ベンダー過失なのか微妙なものについては、優先度の低い障害を取り下げ、優先度の高い障害のみを対応してもらうよう調整します。優先度によって要求の強弱をつけた方が、調整はスムーズに行えます。

対応を見送った分については、保守フェーズの対応候補となります。社内に持ち帰って、別費用で依頼するかどうかを検討します。

また、契約時に定めた納品物が揃っているかもベンダーと最終確認します。特に、納品されている設計書が最新かどうかを確認します。本番稼働の対応を優先して、設計書の反映を後回しにすることはありがちです。急ぐものではありませんが、更新を忘れないよう期限を設定します。

区切りは大事

自社とベンダーのプロジェクトメンバーが全員集まっての打ち合わせは、おそらくこれが最後となります。ベンダーとはいろいろあったでしょうが、最後はねぎらいの場として気持ちよく終わりたいものです。チームとしてともに苦労を乗り越えてきた分だけ、達成感も味わえるのではないでしょうか。

保守フェーズとしてこれからも続きますが、プロジェクトとしては区切りを迎えます。「終わりよければ全てよし」となるよう最後の打ち合わせに向けて、社内の事前準備が大事ということです。

5-2 システムの導入効果を最大限に引き出す

5-1 運用引き継ぎ → 5-2 運用・保守

今後のシステム方針を考える

本番稼働したシステムは、自社にとってどのような位置づけでしょうか？

極端に分けると「オリジナルにこだわるシステム」と「オリジナルにこだわらないシステム」のどちらかになります。

オリジナルにこだわるシステムとは「他社との差別化」「競争優位に立つ」「売上拡大」などが目的となり、コストをかけてでも独自に構築していくべきシステムのことです。コア業務とシステムが一体となっており、業務の成長に合わせてシステムも成長させていきます。

プロジェクト終了後も、改修を繰り返していくことで、システムの価値を高めていき、自社の業績を引き上げていきます。

一方、オリジナルにこだわらないシステムとは「業務効率化」「経費削減」「手作業の自動化」などが目的となり、コストを抑えて出来合いのパッケージソフトやクラウドサービスを調達しています。

システムの効果を最大化するためには、業務をシステムに寄せていき効率化や自動化を追求します。パッケージの未使用機能の活用なども検討します。

また比較的短いサイクルで、システムの入れ替えも視野に入れます。業務変更の際には、対応する別システムへの「乗り換え」も柔軟に検討していきます。

システムの効果を最大化する

システムに今後どこまでコストをかけるのか経営層が判断し、その方針の中で業務部門がどう改善していくのかを検討していきます。その検討と実行のサイクルを繰り返すことで、企業にとって真に価値のあるシステムとなっていきます。

本番稼働したシステムの効果を最大化するのは、これからです。

図3 オリジナルにこだわるシステム

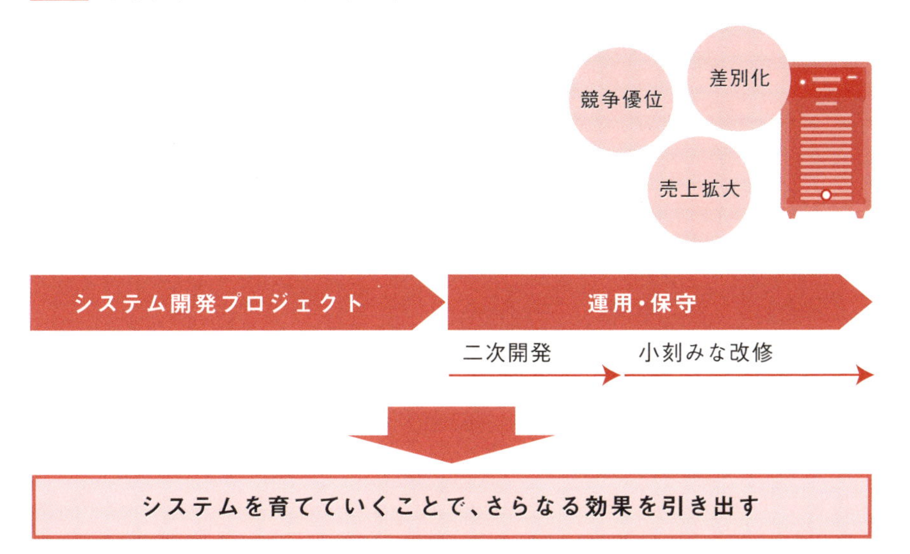

図4 オリジナルにこだわらないシステム

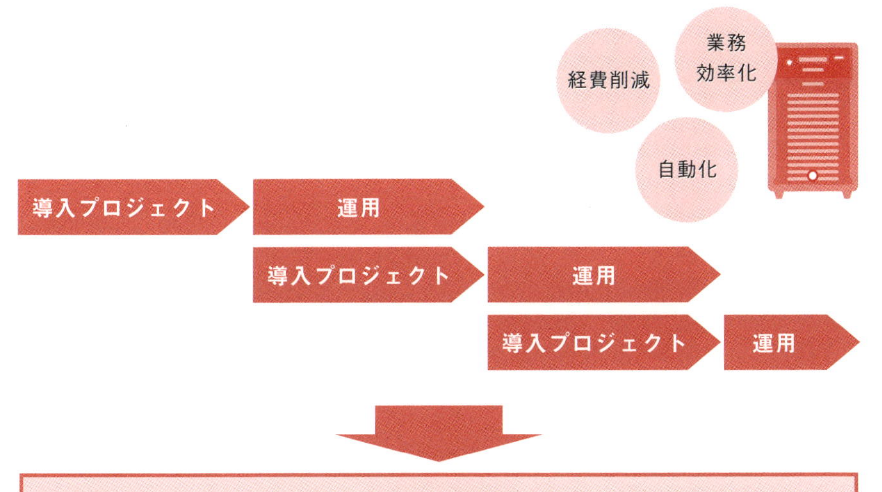

業務をシステムに寄せ効率化してくことで、さらなる効果を引き出す

パッケージの未使用機能を活用し、さらに効果を高める

業務変更に合わせてシステムの切り替えを検討し、より高い効果を模索する

RULE 90 導入効果は定期的に点検しないと得られない

システムの導入効果がないことが判明する

あるシステムを導入して6か月後のことでした。導入した業務部門のA部長からプロジェクトマネージャーを担当したB課長に1通のメールが来ます。

「ウチのメンバーが前のシステムよりも悪くなったと言っている」

B課長は想定外の内容に驚きました。なぜなら、そのシステムは導入後も大きな障害はなく、大成功だと思っていたからです。何がどう悪くなったのか全く見当もつかず、とりあえず現場ヒアリングを行うことにしました。

システム企画時に作成した「費用対効果」の内容は次の通りです。

①事務担当者の作業時間　Before：15時間、After：7時間
②給与計算処理のエラー件数　Before：8件、After：0件

ところが実際の調査結果は次の通りでした。

①事務担当者の作業時間　Before：15時間、After：16時間
②給与計算処理のエラー件数　Before：8件、After：7件

B課長は目を疑いました。システム導入前と比べて、効果が全くなかったからです。原因を追究していくと、次の問題点が浮上してきます。

・廃止したはずの旧帳票をまだ使っており、二重運用となっている
・運用マニュアルに記載誤りがあり、操作ミスを誘発している
・データ連携に不備があり、人の手でデータを加工修正している

B課長は現状をA部長に報告し、「運用説明会の再実施」「マニュアルの修正」「システムの改修」などの施策を早急に実施しました。その結果、企画時に想定していた効果がようやく得られたのでした。

効果は測定しないと得られない

システムの導入効果はすぐに表れてくるものでしょうか？

導入初日からは無理だとしても、1か月後や2か月後から効果は期待したいところです。しかし、なかなかうまくはいきません。

その理由として、システムがいくら立派であっても、使うのは人間だからです。人間が操作を誤れば、いとも容易く障害となります。操作誤りがないとしても、操作に慣れるまでには時間を要します。エンドユーザーがシステムを使いこなせるようになって、初めてシステムの導入効果を引き出すことができます。

では、時間が経てば必ず効果は表れるのでしょうか？

例えば、6か月後や1年後に計測したとします。ユーザーの習熟度は上がってきますが、運用を間違えていたり、システムに欠陥があったりする場合は、いくら経っても効果は得られることができません。

「現場を信頼して任せる」と言えば聞こえはいいですが、見方を変えると「現場に丸投げした」とも言えます。システム導入効果が得られて、初めてプロジェクトは責務を全うします。

効果を引き出すためには、効果を定期的に測定することです。

最初は悪い結果であっても問題ありません。期待値とのギャップが明確になることで、次の施策が打てるようになるからです。

- システムの操作誤り → 説明会の再実施／マニュアルの見直し
- 運用が非効率 → 運用フローの見直し
- システムの考慮不足 → システムの改修

これらは測定することで初めて気づきます。その結果、改善の検討が進み、効果を引き出すことに繋がります。

効果を定着させるまで放置しない

システムの稼働当初は、トラブルやユーザーの習熟度の低さでなかなか効果は得られないかもしれません。そのため6か月後を基準とし、その数か月前から定期的に測定を開始して、改善期間を設けます。

せっかく大金をつぎ込んだシステムを放置するのは、宝の持ち腐れです。確実に投資を回収するために、効果を追求するべきです。

効果の点検は、システム導入の目的に立ち返る良い機会です。当初の目的に対し「システムがどの位置にいるのか」「進もうとしている方向が間違っていないか」等を振り返り、次に繋げていくことができます。

おわりに

それは私にとって運命のプロジェクトでした。

そのプロジェクトは、上流フェーズから大幅に遅れていました。ユーザー支援の立場である私は、遅れを取り戻そうと要件説明資料を作成したり、会議を積極的に開催したりしましたが、なかなか状況は改善されません。

ベンダーから出てくる資料が的を射ておらず、何度レビューしてもやり直しとなります。ユーザーは多くの不備を指摘し、私も多くの指摘をしていました。このレビューを繰り返すうちに「このままでは終わらない……」と不安がどんどん大きくなっていきます。

そこでもっとベンダーの進捗を上げようと、ベンダーの内部レビューや内部会議にまで出席し、ベンダーの内側から改善を試みるようになりました。その甲斐もあってか、プロジェクトは徐々に進んでいきます。

これがきっかけとなり、ユーザーと契約していた私は、ベンダーとも契約することになりました。同じプロジェクトで、ユーザーとベンダーからお金をもらうということです。通常は絶対にありえない形態です。

私は当時、どちらか一方の利益を拡大すれば、他方は損失が大きくなると考えていました。ところがこの契約では、ユーザーとベンダーの双方が満足いく形でプロジェクトを成功させる、つまり「Win-Winで成功させる」という約束を結んだことになってしまいました。

その日を境に、私は常に両者の間で板挟みに合いながら悶絶することになります。ユーザー側の会議では「アイツらは何も聞いて来ない！　遊んでいるんじゃないか！」と言われ、ベンダー側の会議では「ユーザーは何も仕様を教えてくれない！　それで文句ばかり言ってくる！」と言われます。

両者を行ったり来たりしながら、関係調整に明け暮れました。ときにはベンダーの代わりに怒られ、ときにはユーザーの代わりに文句も言われました。解決の糸口が見えずに、体調を崩すこともありました。

当初はユーザー側の立場だったので、ユーザーの言っていることが正しいと思っていました。ところがベンダー側の立場に立ってみると、ベンダーの言い分の方が正しいと思うケースが出てきます。特にユーザーが感情的に主張したりプレッシャーをかけたりした場合、ベンダーの立場では矛盾だらけで自分勝手なわがままだと思うことが多くありました。

毎日、両者の発言でどちらが正しいか考えるとパニックになっていました。

どうにも思考が回らなくなったある日、私は開き直ることにします。

「どっちが正しいか」ではなく「何が正しいか」で動こうと。

自分のノウハウを信じて、どちらかの味方をするのではなく、常にあるべき枠組みに沿って進める方法に変えました。

そこから状況は好転します。

ユーザーもベンダーも、お互いの役割の中でやるべきことに専念するようになりました。誰かに個人攻撃することがなくなり、課題解決に集中できるようになります。ベンダーは積極的な改善提案を出してきて、ユーザーも柔軟に取り入れるようになりました。良い雰囲気の中で、お互いが知恵を出し合い、改善がさらなる改善を呼ぶ好循環が出来上がります。

私も板挟みから解放され、精神的に楽になりました。何よりも毎日が楽しくなり、以前よりも関係者の笑顔が多くなったと感じるようになりました。

正しいノウハウをもとに進めると、プロジェクトは回るのだと実感します。問題が発生したときこそ感情に任せるのではなく、ノウハウを拠り所として安定した枠組みの中で進める方がうまく行くことを学びました。

その後、いろいろな失敗もしましたが、何とかプロジェクトは終了します。

ユーザーとベンダーのお互いの責任者から、感謝の言葉を頂きました。私の苦労が報われた瞬間です。そして、Win-Win は可能なのだと確信しました。

その現場は、今でもユーザーとベンダーがお互いに信頼し合って、良い関係性を保っています。システムもかなり成長したと聞き、うれしく思います。

私はユーザー支援を専門としていますが、そのベースは Win-Win にあります。それがユーザー企業にとって、長期的にメリットがあると考えているからです。

「プロジェクト関係者全員が笑顔になること」

このモットーで、私は今日もプロジェクトを支援しています。

巻末資料1 RFPサンプル（表紙、目次）

サンプルシステム再構築
提案依頼書
（Request For Proposal）

平成 xx 年 xx 月 xx 日
株式会社 サンプルコーポレーション

目次

1. はじめに

弊社では、○○システムの再構築企画にもとづきシステムを再構築する予定です。皆様より、当依頼書にもとづいたシステムの設計・開発・導入に関する具体的なご提案をお待ち申し上げます。

今回提供させていただきます依頼書には弊社の現状、弊社の○○事業に対する考え方、競争優位性を確保するための種々の具体策を記載しております。各社におかれましては、事前に取り交わせていただいております「機密保持に関する覚書」（NDA）にもとづいた慎重なお取り扱いをお願い致します。

 4

RFPサンプル(システム再構築の概要、現行システム概要、提案依頼事項)

2. システム再構築の概要

2. 1. システム化の背景

(1) 導入予定システム名
新販売管理システム

(2) 対象業務
○○株式会社は約 100 社の取引先に対して、○○社商品を販売しています。○○部門では、その取引先との販売に関わる受注、請求、入金確認などの販売管理業務を行っています。

(3) 取引先数の推移
取引先数は年々増加しており、今後も増加する見込みです。
平成○○年……90 社
平成○○年……95 社
平成○○年……103 社

(4) 既存システムの経緯
○○部門では、販売管理システムを 7 年前に導入しており、以下の機能を有しています。
・受注管理機能
・出荷指示機能
・請求機能
・入金照合機能
・売掛残高管理機能

(5) 既存システムの課題
現行システムの老朽化および数々の業務変更に伴い、以下課題が発生しています。
・手入力作業が多く、データの重複入力もある
・運用の複雑化に伴う作業の属人化
・システム間のデータ連携ができない
・システムランニングコストが高い
・まれに入力ミスによる請求金額誤りが発生している
・上記要因で、担当者の残業が多い

2. 2. システム構築の目的

(1) 目的
・手入力作業の自動化を計り、事務コストを軽減する
・入力ミスを排除し、請求誤りを撲滅する
・システムランニングコストを削減する

(2) 期待する効果
・経理部の残業削減
・請求誤りの排除
・システム保守費用の削減

3. 現行システム概要

「別紙 2. 現行システム概要」をご覧ください。
・システム概要図
・業務イベント図
・業務フロー

4. 提案依頼事項

提案にあたっての前提条件がある場合はその旨を明記の上ご提案ください。また、当社要件を満たさない提案内容、もしくはより良い提案がある場合はその差異を明記の上ご提案ください。

4. 1. 要求機能一覧

「別紙 3. 新システムの要求一覧」をご覧ください。

RFPサンプル（提案依頼事項の続き）

4. 2. 前提条件

・取引先に出力する帳票（請求書等）は現行と同じレイアウトを継承する
・上記以外の帳票および機能全般についてはあるべき姿を追求し、現行機能にこだわらない
・パッケージソフトウェアの導入を前提とする
・本稼動タイミングは平成○○年４月を目指す

4. 3. 新システムの利用者

新販売管理システムは社内のみで使用されます。

部門	役割	人数	備考
IT 部門	システム管理者	1	全機能の操作権限を付与
	担当者	2	システムメンテナンス用
経理部門	管理者	1	請求書の承認
	担当者	9	伝票入力、請求書の作成・起票
営業部門	管理者	1	伝票、請求書の参照のみ
	担当者	3	伝票、請求書の参照のみ
出荷部門	担当者	3	受注情報、出荷帳票の参照のみ

4. 4. システム構成

Web ベースでのアプリケーションを前提に、十分信頼性を考慮した最適なシステム構成をご提案ください（大量データ処理の際はバッチ処理も可とします）。

(1) アプリケーションソフトウェア
①システム種類
・基本的にはパッケージソフトウェアを前提とします。
・カスタマイズは極力避ける方針としますが、必要な場合はカスタマイズ内容を必ず明記の上ご提案ください。

・カスタマイズした際のアップグレードやバージョンアップの際にカスタマイズ部分がサポートされずに再カスタマイズが必要などの留意点を明記してください。

②ユーザインターフェイス
・ユーザインターフェイスは Web ベースを基本とし、パソコン操作に不慣れな利用者でも直感的に操作可能な操作性の高いインターフェイスであること。
・貴社提案のインターフェイスがある場合は、その効果を明記の上ご提案ください。

(2) ハードウェア
①サーバー
・取引先の増大、受注その他処理件数の増大など業務拡大に容易に対応できること。
・システムの機能・性能要求およびシステム保守・運用時の開発効率化を考慮し、最適なサーバー構成をご提案ください。
・本番環境とは別にテスト環境を考慮した構成としてください。
・ディスク容量、バックアップについて性能・品質条件へ明記のこと。

②クライアント
・クライアント PC については、以下の既存 PC を活用する方向でご提案ください。
　OS：XXXXXXXX
　ブラウザ（社内標準）：XXXXXXXXXX
・メモリ容量の制約、OS のバージョンの制約などがあればその旨を明記の上、性能が不足している場合は PC の増強あるいは入替えをご提案ください。
・動作保証されてるブラウザの種類とバージョンをご提示ください。

(3) ネットワーク
社内ネットワーク環境下でのみ動作する仕組みでの提案をお願いします。
①サーバー
・サーバーおよび、ストレージシステムは、○○のデータセンター内に設置済み。
②ネットワーク環境
・経理部門および営業部門、出荷部門は社内 LAN にてすでにネットワーク環境は整備済み。

RFPサンプル(提案依頼事項の続き)

(4) セキュリティ
「7. 2 セキュリティ」に記載する要件を満たすことを前提に、ご提案ください。

(5) テスト環境
本稼働後に機能改修を予定しているため、本番環境とは別にテス丶環境も含めた提案をお願いします。テスト環境は本番環境と比較してスペックが劣っていても問題ありません。

4. 5. 品質・性能条件

システムの品質・性能条件をご提案ください。ただし、「7. 1 システム品質保証基準」の要件が満足できることとします。

4. 6. 運用条件

以下の項目に関する運用条件を明記してください。
(1) エンドユーザーの利用時間および時間帯
・1 日の業務運用の為の稼働時間帯は原則 365 日 24 時間運用を希望する
・バックアップ処理、日次等のバッチ処理により、業務を停止する時間は 1 時間までとする。以下の点に注意する
i 他システムへの連携データの最終送信締時間を考慮すること
ii オンライン停止時間はできる限り、業務運用時間外を検討する。
スケジュール、所要時間を明記のこと。

(2) ハードウェア定期チェックとソフトウェアのバージョンチェック等
・ハードウェアの定期チェック、システムソフトウェアのバージョンチェックについては、必要な条件を明記のこと。

(3) その他の運用制限
・その他運用における制限がある場合には、その制限事項を明記のこと。

(4) システム運用に提供されるレポーティング
・システム運用において提供されるレポーティング種類と内容を明記のこと。

(5) データ保持期間

・原則各トランザクションデータは過去 13 か月のデータを保持できること。
・マスター類は全データを保持し、履歴管理情報を含めた、バックアップ方法を明記のこと
・統計に使用するテーブルは原則全て保持する。巨大なテーブルはパーティション化、テーブル分割することが望ましい。保持しない場合は、バックアップ方法を明記のこと
・取引先との集配信データは全て保管する。バックアップ方法を明記のこと

4. 7. 納品条件およびスケジュール

新システムの本稼働開始は下記日程を目標とします。それを前提にスケジュール案をご提案ください。
(1) 予定本稼働開始年月日
20xx 年 xx 月 xx 日（目標）

(2) スケジュール
・契約締結後検収までのスケジュール案を明記のこと。
・工程におけるマイルストーンを明記するとともに、工程名称、工程期間、工程目的、工程での管理項目、および定例報告およびレビューの予定も明記すること。定例報告およびレビューについては「5. 9. 定例報告およびレビュー」で、その内容を記述すること。
・ソフトウェア・ハードウェア導入時期、テスト期間、業務並行テスト期間、検収テスト、ユーザ教育等についてその時期を明記すること。
・納品物の納入時期を明記すること。

4. 8. 納品条件

成果物、納入物および納入方法、部数は以下の通りとします。もし、要求を満たすことが不可能なものがある場合、その項目と理由を明記してください。
(1) 納品物件の明細
・ハードウェア、操作説明書
・システムソフトウェア、同仕様書
・基本設計書、詳細設計書（データフォーマットを含む）
・アプリケーションソフトウェア、同仕様書、操作説明書
・テスト計画書、テスト結果報告書
・システム品質報告書
・システム運用説明書

5. 提案手続きについて

5. 1. 提案手続き・スケジュール

(1) 審査手続きについて
①審査は1次審査と2次審査の２段階で行います。
②1次審査、2次審査とも提案書の提出とプレゼンテーションの実施をしていただきます。
③1次審査では、2次審査に進む会社を選別するとともに、当社の考え方と貴社の提案とのすり合わせを行います。
この結果、貴社へ提案内容の修正をお願いすることもありえます。
④2次審査にて、委託する会社を選定します。

(2) プレゼンテーションと提案書の提出
①1次審査
・プレゼンテーション日時：xx 月 xx 日（x 曜日）予定
・提案書の提出期限：プレゼンテーションの３日前まで
②2次審査
・プレゼンテーション日時：xx 月 xx 日（x 曜日）予定
・提案書の提出期限：プレゼンテーションの２日前まで

(3) プレゼンテーション
・場所：○○ビル 3F 会議室 A
・時間：A：10 時〜 12 時、B：13 時〜 15 時、C：16 時〜 18 時
（各時間ともに提案 90 分（質疑含む））
・当社出席者：10 名程度
・パソコン、プロジェクターなどの準備は当社にて行います。
（時間は、A，B，C のいずれかを別途連絡します）

(4) 提案書
・提出場所：○○部　○○○○まで
・納入品の方法：持参
・提出物の形態：提案書（コピーを２部、電子媒体１式）
（提案書は、Word、PowerPoint などで作成した、電子データの提出もお願い致します）

(5) 1 次審査の採否連絡
①プレゼンテーションおよび提案書の内容から選定し、提案の採否は営業担当者または説明会出席の担当者に以下のように通知する予定です。
②1 次審査
・日時：xx 月 xx 日（x 曜日）までにメールにて連絡
・内容：採否の回答、および採用の場合は、２次審査に向けての調整内容

(6) 最終提案の採否連絡
営業担当者、またはプレゼンテーション実施責任者に、以下の日程で、通知する予定です。
・日時：xx 月 xx 日（x 曜日）までに通知予定

5. 2. 提案依頼書（RFP）に対する対応窓口

(1) 窓口
①担当部門名：○○社○○部
②担当者名：○○
③連絡先：〒xxx-xxx
xxxxxxxxxxxxxxxxxxxxxxxxxxxxxxxxxxxxxxxx
電話 xx-xxxx-xxxx
e-mail xxxxxxxx@xxxx

(2) 質問・問い合わせについて
①質問・問い合わせについては、基本的に電子メールにてお願いします。
②質問・問い合わせを受けた場合は、回答を全提案各社へ通知します。
③電話にての問い合わせは、ご遠慮願います。

8. 契約事項

契約に関する条件は以下の通りとします。

8. 1. 発注者

（1）発注者企業名
株式会社○○○○

（2）発注者代表者名
○○部　部長　○○○○

（3）発注者郵便番号、住所、電話番号
郵便番号〒xxx-xxxx
xxxxxxxxxxxxxxxxxxxxx
代表 xx-xxxx-xxxx

8. 2. 発注形態

発注は、要件定義とプログラム開発（基本設計、移行支援を含む）に分割する予定です。要件定義は準委任契約、プログラム開発は請負契約とする予定です。
それぞれの契約形態や納品物などについてご提案ください。また、ハードウェア、システムソフトウェア、パッケージソフトウェア等の契約形態についてもご提案ください。

8. 3. 検収

検収については以下の条件とします。
（1）検査・検収期間について
検収は成果物納品明細書と所定の検収依頼書および品質保証書を受けて、検収テスト計画書に従ったテストを実施後合否判定する。判定結果はテスト実施後 1 週間以内に通知する。
各工程単位に分割検収を希望される場合は、それについてご提示ください。

（2）作業完了報告書提出年月日について
検収テスト合格後 2 週間以内に貴社は作業完了報告書を提出する。

 23

8. 4. 支払条件

作業完了報告書と納品書・請求書の受領翌々月 20 日に貴社への支払いを基本とします。
（上記以外の支払条件としたい場合は、支払条件を提示してください。別途協議事項とします）

8. 5. 保証年数（瑕疵担保責任期間）

納品後 1 年間を瑕疵担保責任期間とします。ただし、当社で改造を加えたものは除くものとします。また、瑕疵かどうかの判断に困る場合は、両社協議の上で決定することとします。

8. 6. 機密保持

当社から提供した資料・情報（個人情報を含む）や作業の中で知り得た情報の機密保持のために、別途機密保持契約を締結するものとします。

8. 7. 著作権等

完成したシステムの所有権、著作権、2 次的著作物の利用権は対価の支払時点で当社に帰属または移転されることを原則とします。

8. 8. その他

①仕様確定後に発生した仕様変更・機能追加、スコープ変更については、契約条項にもとづいて取り扱います。
②貴社の責によるシステム開発の遅れや品質不適合等によるリスクについては、貴社のリスク負担とする契約とします。
③システム開発における貴社の再委託先については、所定の手続きにより報告するものとします。その再委託先によるリスクは全て貴社の責とします。

 24

巻末資料2 ベンダー比較検討表サンプル（業務要求）

【サンプル】ベンダー比較検討表（勤怠システム）					株式会社AAA（AAAパッケージシステム）		BBB株式会社（BBB勤怠システム）		CCC株式会社（勤怠CCCシステム）	
No	評価対象	観点	評価項目	ウェイト	評価点（0～3）	ウェイト×評価点	評価点（0～3）	ウェイト×評価点	評価点（0～3）	ウェイト×評価点
	特徴				国内最大手AAA社の勤怠ソフトウェア。国内シェア10年連続No1となっている。幅広い業態に対応し、勤怠の正確な把握と多様な給与計算に対応している。		「BBB勤怠システム」は、中堅・中小企業向け勤怠システムとして多くの導入実績がある。オプション機能が豊富で、カスタマイズなしに短期間での導入を可能としている。		当社の給与システム「給与CCCシステム」を担当しており、当社の業態を最も熟知している。給与システム連携では最もリスクが抑えられる。	
1	業務要求（40）	打刻	ICカードやバーコードを利用して、PC端末による打刻を行うことが可能か？	2	2	4	3	6	1	2
					ICカードによる打刻が可能。バーコードによる打刻は不可（カスタマイズ要）。		ICカードおよびバーコードによる打刻がともに可能。		ICカードおよびバーコードによる打刻がともに不可（カスタマイズ要）。	
2			スマホ（アンドロイド、iPhone）やタブレットによる打刻を行うことが可能か（位置情報の制御があればなお可）？	2	2	4	0	0	0	0
					Androidのみ可能。（ただしOSバージョンの制約あり）		対応不可（カスタマイズ要）。		対応不可（カスタマイズ要）。	
3		申請	残業・遅刻・早退の申請および承認が行えるか？	2	3	6	3	6	3	6
					可能。		可能。		可能。	
4			有給休暇・特別休暇・欠勤の申請および承認が行えるか？	2	3	6	3	6	3	6
					可能。		可能。		可能。	
5			振替休暇・振替出勤の申請および承認が行えるか？	2	2	4	3	6	1	2
					申請および承認は可能。ただし、振替休暇の残日数制御は別途カスタマイズが必要。		可能。振替休暇オプションの購入が前提。		対応不可（カスタマイズ要）。	
6			申請・承認ルートを柔軟に設定できるか？ 複数の申請・承認ルートの設定が必要。	3	3	9	2	6	1	3
					申請・承認ルートの複数設定可能。		申請・承認ルートは1つのみ設定可能。複数の設定はカスタマイズが必要。		WF機能なし。カスタマイズ要。	
7		シフト作成機能	各部署別のシフト表作成が可能か？	6	2	12	3	18	1	6
					可能。当社のシフト表レイアウトとは異なる。PCのみ可能、スマホは不可。		可能。当社のシフト表レイアウトに最も近い。PCのみ可能、スマホは不可。		対応不可（カスタマイズ要）。	
8		出力	社員別の勤務管理表を出力できるか？	3	2	6	3	9	1	3
					可能。当社のレイアウトとは異なる。		可能。当社のレイアウトに最も近い。		対応不可（要カスタマイズ）。	
9			残業の多い社員リストを抽出できるか？ 残業時間の条件は都度指定する。	2	3	6	1	2	1	2
					可能。条件別データ出力機能でCSV出力できる。		対応不可（要カスタマイズ）		対応不可（要カスタマイズ）。	
10		システム間連携	給与システムの社員マスターを取り込みできるか？ CSVデータによる連携を想定。	4	2	8	1	4	3	12
					可能。標準機能で社員マスター取り込みがある。取り込み項目は設定可能。		可能。標準機能で社員マスタ取り込みがある。ただし、項目固定のため、項目を追加する場合はカスタマイズ要。		可能。「給与CCCシステム」に連携する前提の作りとなっているため、完璧に連携できる。	
11			給与システム向けに勤務実績データを出力できるか？ CSVデータによる連携を想定。	4	2	8	1	4	3	12
					可能。標準機能で給与データ出力がある。出力項目は設定可能。		可能。標準機能で給与データ出力がある。ただし、項目固定のため、項目を追加する場合はカスタマイズ要。		可能。「給与CCCシステム」に連携する前提の作りとなっているため、完璧に連携できる。	

ベンダー比較検討表サンプル(費用、スケジュール、実績他)

					株式会社 AAA(AAA パッケージシステム)		BBB 株式会社(BBB 勤怠システム)		CCC株式会社(勤怠CCCシステム)	
No	評価対象	観点	評価項目	ウェイト	評価点(0～3)	ウェイト×評価点	評価点(0～3)	ウェイト×評価点	評価点(0～3)	ウェイト×評価点
16	費用(20)	経済性	イニシャルコストは妥当か?	10	2	20	3	30	2	20
					ハードウェア費用:x,xxx,xxx 円 ソフトウェア費用:x,xxx,xxx 円 ライセンス購入費用:x,xxx,xxx 円 カスタマイズ費用:x,xxx,xxx 円 合計費用:x,xxx,xxx 円		ハードウェア費用:x,xxx,xxx 円 ソフトウェア費用:x,xxx,xxx 円 ライセンス購入費用:x,xxx,xxx 円 カスタマイズ費用:x,xxx,xxx 円 合計費用:x,xxx,xxx 円		ハードウェア費用:x,xxx,xxx 円 ソフトウェア費用:x,xxx,xxx 円 ライセンス購入費用:x,xxx,xxx 円 カスタマイズ費用:x,xxx,xxx 円 合計費用:x,xxx,xxx 円	
17			ランニングコスト(ライセンス費用)は妥当か? ※社員 1,000 名使用を前提	10	1	10	3	30	2	20
					ソフトウェア年間保守費用:x,xxx,xxx 円 ライセンス年間保守:x,xxx,xxx 円 合計費用:x,xxx,xxx 円		ソフトウェア年間保守費用:x,xxx,xxx 円 ライセンス年間保守:x,xxx,xxx 円 合計費用:x,xxx,xxx 円		ソフトウェア年間保守費用:x,xxx,xxx 円 ライセンス年間保守:x,xxx,xxx 円 合計費用:x,xxx,xxx 円	
18	スケジュール(10)	妥当性	短期間で導入できるか?	5	3	15	2	10	1	5
					導入期間 : 4 か月		導入期間 : 5 か月		導入期間 : 6 か月	
19			発注後すぐに着手可能か?	5	3	15	2	10	1	5
					発注後、1 か月内に着手可能。		発注後、2 か月前後で着手可能。		発注後、1 ～ 3 か月内に着手可能。	
20	実績(10)	業界実績	全体の導入実績は豊富か?	2	3	6	2	4	1	2
					100 社以上の導入実績あり。		30 社以上の導入実績あり。		記載なし。 口頭で確認したところ 10 社程度。	
21			同業種への導入実績は豊富か?	4	3	12	2	8	1	4
					同業種への導入実績は 30 社。		同業種への導入実績はほぼなし。		記載なし。 口頭で確認したところ同業種はゼロ。	
22		規模	1,000 名規模のパッケージ導入実績はあるか?	2	2	4	2	4	0	0
					あり		あり		なし	
23			3,000 名規模のパッケージ導入実績はあるか?	2	3	6	2	4	0	0
					あり。10 社以上。		あり。2 社。		なし	
24	パッケージ評価(5)	業務適合性	カスタマイズ開発をすることなく、業務が無理なく行えるパッケージであるか?	5	3	15	2	10	1	5
					カスタマイズ開発は 3 箇所のみ。		カスタマイズ開発は 10 箇所。		カスタマイズ開発は 10 ～ 15 箇所。	
25	ユーザー教育(5)	妥当性	操作マニュアルが納品対象となっているか?	3	3	9	3	9	1	3
					対象。		対象。		記載なし。	
26			操作説明会の開催が含まれているか?	2	3	6	2	4	1	2
					含まれている。 管理サイド向け研修 1 回(概ね 4 時間程度) 利用サイド向け研修 10 回(20 名程度× 10 回)		含まれている。 現場スタッフ向け、事務担当者向け、管理者向けで合計 3 回を想定。		記載なし。	

ベンダー比較検討表サンプル（技術要求、運用要求、その他）

					株式会社AAA（AAAパッケージシステム）		BBB株式会社（BBB勤怠システム）		CCC株式会社（勤怠CCCシステム）	
No	評価対象	観点	評価項目	ウェイト	評価点（0～3）	ウェイト×評価点	評価点（0～3）	ウェイト×評価点	評価点（0～3）	ウェイト×評価点
27	技術要求（3）	レスポンス	各画面の表示速度は十分か？（3秒以内）	2	3	6	2	4	1	2
					同規模の他社で平均3秒。		「3秒以内を目標とする」記載あり。		記載なし。	
28			社員の検索速度は十分か？（3秒以内、約1,000名）	1	2	2	2	2	2	2
					同規模の他社で平均3秒。		「3秒以内を目標とする」記載あり。		対応可能。	
29	運用要求（3）	システム運用	利用時間（24時間365日）	2	2	4	2	4	2	4
					対応可能。		対応可能。		対応可能。	
30		保守・維持管理	保守受付時間（月～金 9:00～17:30）	1	2	2	2	2	2	2
					対応可能。		対応可能。		対応可能。	
31	その他（4）	付加価値	業務理解度や柔軟性、付加価値が含まれているか	4	3	12	2	8	3	12
					検索機能や管理者便利機能が標準機能として豊富に搭載されている。		パッケージのバージョンアップ（無償）が今後多く予定されており、将来性はある。		当社の給与システムを担当しているため、業務理解度は最も高い。	
			業務要求合計		93		82		64	
			費用見積・納期小計		60		80		50	
			その他小計		56		43		32	
			合計スコア		209		205		146	
			総評		カスタマイズなしのパッケージ標準機能が当社業務に最も適合する。同じ業界への実績も豊富である。カスタマイズが少ないため、導入期間も短い。システムとしては最も安定しているが、年間ライセンスが割高である。		価格が最も安い。パッケージの適合度および実績は3社の中で中間に位置する。カスタマイズ項目のうち数か所はパッケージ本体へのバージョンアップとして無償対応が可能とのこと。		当社の給与システムを担当しており、システム連携が強み。自社の業務を最も熟知している。ただし、システム連携以外の機能はカスタマイズする前提での提案であり、パッケージ自体の業務適合度は低い。カスタマイズ金額が高額であり、調整によっては追加費用が発生する可能性あり。期間も最も長い。	

［著者略歴］

田村 昇平（たむら・しょうへい）

ITプロジェクトをユーザー企業側から支援するコンサルタント。プロジェクトの全工程に精通し、企画当初の目的をぶれずに達成させる手腕は、クライアントオーナーから絶大な支持を得ている。ベンダーの長所を引き出し、システムの品質を極限まで高めるアプローチを得意とする。プロジェクトノウハウをユーザー企業に定着させ、どんなに困難なプロジェクトであっても最後は必ず成功に導く。近年ではIT部門の立ち上げやIT人材育成にも力を入れている。株式会社インフィニットコンサルティング所属。

■お問い合わせに関しまして

本書に関するご質問については、本書に記載されている内容に関するもののみとさせていただきます。本書の内容を超えるものや、本書の内容と関係のないご質問につきましては、一切お答えできませんので、あらかじめご了承ください。また、電話でのご質問は受け付けておりませんので、ウェブの質問フォームにてお送りください。書面またはFAXでも受け付けております。

ご質問の際に記載いただいた個人情報は、質問の返答以外の目的には使用いたしません。また、質問の返答後は速やかに削除させていただきます。

●質問フォームのURL

https://gihyo.jp/book/2017/978-4-7741-8925-3

※本書内容の修正・訂正・補足についても上記URLにて行います。

●書面・FAXの宛先

〒162-0846　東京都新宿区市谷左内町21-13

株式会社技術評論社　書籍編集部

「システム発注から導入までを成功させる90の鉄則」係

FAX：03-3513-6183

●カバー＆本文デザイン　菊池 祐（株式会社ライラック）

●本文レイアウト　株式会社ライラック

情シス・IT担当者［必携］

システム発注から導入までを成功させる90の鉄則

2017年 4月24日　初版　第1刷発行

2023年12月23日　初版　第6刷発行

著者　田村昇平

発行者　片岡 巌

発行所　株式会社技術評論社

東京都新宿区市谷左内町21-13

電話　03-3513-6150　販売促進部

03-3513-6166　書籍編集部

印刷／製本　株式会社加藤文明社

定価はカバーに表示してあります。

ISBN978-4-7741-8925-3　C3055

Printed in Japan